演習編

例題から学ぶ 数学B＋C

◆◆◆

　本書は，高等学校で学習する「数学B」，「数学C」用の問題集です。例題編とともに「例題から学ぶ数学B＋C」シリーズを構成します。

　例題編には典型的な問題が示されていますから，本書の学習においても随時例題編を参照することで解き方が確認できます。

◆◆◆

本書の構成と使い方

基本問題………教科書の内容を着実に理解するための問題です。

標準問題………教科書の内容が理解できれば解くことが可能なレベルの問題です。

応用問題………応用力が必要とされる高度な問題です。大学入試に匹敵する問題も取り上げました。

▶例題 No.……各問題の右へ，同じ解き方をする例題編の例題番号を付記しました。正しい解き方が確認できます。

(▶例題 No.)…全く同じ解法ではないものの，解くときの参考になる例題番号を付記してあります。

≪ヒント≫……解くのに工夫が必要な問題には，欄外へ問題番号とともにヒントを示しました。

＊印……………短時間で全体を一通り学習する際には，この印が付いた問題のみに当たることが有効です。

こたえ…………巻末に最終的な答えのみを掲載しました。詳解集で詳しく解説しました。

問題数…………基本問題 158／標準問題 217／応用問題 95／合計 470 題

数学B

数学C

1 等差数列

基 本 問 題 ●

1 数列 $\{a_n\}$ の一般項 a_n が次の式で与えられるとき，それぞれの数列の初項から第3項までを求めよ。また，第10項を求めよ。

(1) $a_n = -5n + 12$ (2) $a_n = n^2 + n + 1$ (3) $a_n = 2^{n-1}$

▶例題1

*__2__ 次の数列の一般項 a_n を求めよ。

(1) 2, 4, 6, 8, 10, …   (2) 1, 4, 9, 16, 25, …

(3) 1, 10, 100, 1000, …   (4) 1, -1, 1, -1, 1, …

▶例題1

3 次の等差数列の一般項 a_n を求めよ。また，第20項を求めよ。

(1) 初項 4，公差 7   *(2) 初項 25，公差 -4

*(3) -10, -4, 2, 8, …   (4) -1, -3, -5, -7, …

▶例題2

*__4__ 次の等差数列の初項と公差を求めよ。また，一般項 a_n を求めよ。さらに，42 はこの数列の項になっているかどうかを調べよ。

(1) 第7項が 8，第12項が 23   (2) 第6項が 70，第30項が -98

▶例題3

5 一般項が次の式で与えられる等差数列の初項と公差を求めよ。

(1) $a_n = 2n + 3$ (2) $a_n = \dfrac{1}{2} - \dfrac{1}{6}n$

▶例題4

6 次の等差数列の和 S を求めよ。

(1) 初項 2，末項 60，項数 40   (2) 初項 -1，末項 23，項数 18

(3) 初項 4，公差 3，項数 26   (4) 初項 6，公差 $-\dfrac{5}{2}$，項数 33

▶例題6

7 次の等差数列について，□□ の中にあてはまる数を入れよ。

(1) 初項が 8，公差が 3 のとき，296 は第 □□ 項で，初項からその項までの和は □□ である。

(2) 初項が 5，末項が -55，和が -525 のとき，項数は □□ で，公差は □□ である。

▶例題7

*8 1から200までの正の整数について，次の数の和を求めよ。
 (1) 2の倍数　　　　　　　　(2) 7の倍数
 (3) 2の倍数かつ7の倍数　　(4) 2の倍数または7の倍数
▶例題8

9 3桁の自然数のうち，4で割っても6で割っても2余る数の和を求めよ。
▶例題8

10 等差数列をなす3つの数が次の条件を満たすとき，その3数を求めよ。
 (1) 和が30，積が640　　　　(2) 和が12，平方の和が146
▶例題5

*11 初項が1000，公差が -15 の等差数列の初項から第 n 項までの和の最大値を求めよ。
▶例題9

*12 ある等差数列のはじめの10項の和が340で，次の10項の和が940であるという。この数列の初項と公差を求めよ。

*13 初項3，公差5の等差数列 $\{a_n\}$ と，初項4，公差7の等差数列 $\{b_n\}$ に共通に含まれる項を順に並べてできる数列 $\{c_n\}$ の一般項を求めよ。
▶例題10

14 一般項が $a_n=2n+3$，$b_n=3n-1$ で表される等差数列 $\{a_n\}$，$\{b_n\}$ がある。次の問いに答えよ。
 (1) a_1，a_4，a_7，a_{10}，…も等差数列であることを示せ。
 (2) 数列 $\{2a_n-3b_n\}$ も等差数列であることを示せ。
▶例題4

▶▶▶▶▶▶▶▶▶▶▶▶▶▶▶▶|応|用|問|題|◀◀◀◀◀◀◀◀◀◀◀◀◀◀◀◀

15 等差数列の初項から第 n 項までの和を S_n とする。$S_{13}=910$，$S_{23}=1035$ のとき，S_n が負になる n の最小値を求めよ。
▶例題6

16 初項が a で公差 d が整数である等差数列 $\{a_n\}$ が次の2つの条件を満たす。
 (A) $a_3+a_5+a_7=93$　　(B) $a_n>100$ となる最小の n は15である。
 a，d の値と，$a_1+a_2+\cdots+a_n>715$ となる最小の n を求めよ。
(▶例題9)

≪ヒント≫14 一般項を c_n，d_n とすると，(1) $c_n=a_{3n-2}$ (2) $d_n=2a_n-3b_n$
数列 $\{c_n\}$ が等差数列であることを示すには，$c_{n+1}-c_n=d$（一定）となることを示す。

2 等比数列

基本問題

*17 次の等比数列の一般項 a_n を求めよ。また，第 6 項を求めよ。

(1) 初項 2，公比 3

(2) 初項 3，公比 -2

(3) 10，20，40，80，$\cdots$

(4) 9，$-3\sqrt{3}$，3，$\cdots$

▶例題11

*18 次の等比数列の初項と公比を求めよ。また，一般項 a_n を求めよ。ただし，公比は実数とする。

(1) 第 4 項が 10，第 7 項が 80

(2) 第 2 項が -54，第 6 項が $-\dfrac{2}{3}$

▶例題12

19 一般項が次の式で与えられる等比数列の初項と公比を求めよ。

(1) $a_n = 5 \cdot 2^n$

*(2) $a_n = (-2)^n$

*(3) $a_n = 3^{4-2n}$

▶例題11

*20 次の等比数列の初項から第 n 項までの和 S_n を求めよ。また，S_6 を求めよ。

(1) 初項 1，公比 4

(2) 初項 16，公比 $-\dfrac{1}{2}$

(3) 2，$\dfrac{4}{3}$，$\dfrac{8}{9}$，$\dfrac{16}{27}$，$\cdots$

(4) 1，-3，9，-27，$\cdots$

▶例題14

*21 次の等比数列について，□ の中にあてはまる数を入れよ。

(1) 公比が 3 で第 4 項が 135 のとき，初項は □ で，この数列は第 □ 項から 2000 より大きくなる。

(2) 初項が 3，公比が -2 のとき，初項から第 □ 項までの和は -255 になる。

(3) 初項が 7，末項が 448，和が 889 のとき，公比は □ ，項数は □ である。

▶例題15

標準問題

22 等比数列をなす 3 数が次の条件を満たすとき，その 3 数を求めよ。ただし，公比は実数とする。

*(1) 和が 26，積が 216

(2) 和が 39，積が 1000

▶例題13

*23 3 数 1，a，b がこの順で等差数列をなし，1，a^2，b^2 がこの順で等比数列をなすとき，a，b の値を求めよ。

▶例題13

24 初項から第4項までの和が10，第5項から第8項までの和が810である等比数列の初項と公比を求めよ。

▶例題15

25 初項1，公比 $\dfrac{1}{2}$ の等比数列 $\{a_n\}$ について，次の和を求めよ。

(1) $a_1{}^2 + a_2{}^2 + a_3{}^2 + \cdots + a_n{}^2$ (2) $\dfrac{1}{a_1} + \dfrac{1}{a_2} + \dfrac{1}{a_3} + \cdots + \dfrac{1}{a_n}$

(3) $\log_2 a_1 + \log_2 a_2 + \log_2 a_3 + \cdots + \log_2 a_n$

▶例題17

26 3つの実数 a, b, c が a, b, c の順で等差数列になっていて，b, c, a の順で等比数列になっているとする。このとき，次の問いに答えよ。

(1) a, b, c の和が18であるとき a, b, c を求めよ。

(2) a, b, c の積が125であるとき a, b, c を求めよ。

▶例題13

*27 m, n を正の整数とする。自然数 $A = 2^m 5^n$ について，A の正の約数の個数とその総和を m, n を用いて表せ。

▶例題16

▶▶▶▶▶▶▶▶▶▶▶▶▶▶▶ |応|用|問|題| ◀◀◀◀◀◀◀◀◀◀◀◀◀◀◀

*28 1辺の長さが1の正方形を F_1 とする。F_1 の各辺の中点をとり，それを結んでできる正方形を F_2 とし，同様にこの操作を繰り返してつくられる正方形を F_3, F_4, F_5, $\cdots$ とする。
F_n の周の長さを l_n，F_n の面積を S_n とするとき，次の問いに答えよ。

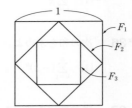

(1) $L = l_1 + l_2 + \cdots + l_n$ を求めよ。

(2) $S = S_1 + S_2 + \cdots + S_n$ を求めよ。

▶例題18

29 第3項が8，第10項が29の等差数列 $\{a_n\}$ について，$2^{a_1} + 2^{a_2} + \cdots + 2^{a_n}$ を n の式で表せ。

▶例題17

30 $S_n = 1 + 2 + 2^2 + \cdots + 2^{n-1}$ について $S_n > 10^6$ を満たす最小の自然数 n の値を求めよ。ただし，$\log_{10} 2 = 0.301$ とする。

（▶例題17）

31 毎年のはじめに10万円ずつ積み立てる。年利率を4％とし，1年ごとの複利で10年後には元利合計はいくらになるか。ただし，$1.04^{10} = 1.48$ とする。

▶例題19

3 Σ の計算

基本問題

*32 次の式を記号 Σ を用いないで，各項を並べて表せ。

(1) $\displaystyle\sum_{k=1}^{5}(3k+2)$ (2) $\displaystyle\sum_{k=1}^{6}2^{k-1}$ (3) $\displaystyle\sum_{k=1}^{7}(-1)^k\cdot k^2$

▶例題20

*33 次の和を記号 Σ を用いて表せ。

(1) $1^3+2^3+3^3+\cdots+10^3$ (2) $2\cdot3+4\cdot5+6\cdot7+\cdots+100\cdot101$

▶例題21

34 次の数列の初項から第 n 項までの和を記号 Σ を用いて表せ。

*(1) $1,\ -3,\ 9,\ -27,\ \cdots$ (2) $1\cdot2,\ 3\cdot2^2,\ 5\cdot2^3,\ 7\cdot2^4,\ \cdots$

▶例題21

35 次の和を求めよ。

*(1) $\displaystyle\sum_{k=1}^{n}(3k-2)$ (2) $\displaystyle\sum_{k=1}^{n}k(3k-1)$ *(3) $\displaystyle\sum_{k=1}^{n}(4k^3-2k)$

*(4) $\displaystyle\sum_{k=1}^{n-1}k$ *(5) $\displaystyle\sum_{k=5}^{n}k^2$ (6) $\displaystyle\sum_{k=3}^{10}k^3$

▶例題22

*36 次の和を求めよ。

(1) $\displaystyle\sum_{k=1}^{n}(-3)^k$ (2) $\displaystyle\sum_{k=1}^{n-1}2^{k-1}$ (3) $\displaystyle\sum_{k=5}^{n}5^k$

▶例題23

37 階差数列を調べることにより，次の数列 $\{a_n\}$ の一般項を求めよ。

(1) $1,\ 3,\ 7,\ 13,\ 21,\ 31,\ \cdots$ (2) $2,\ 3,\ 6,\ 11,\ 18,\ 27,\ \cdots$

(3) $1,\ 2,\ 5,\ 14,\ 41,\ 122,\ \cdots$ (4) $1,\ 2,\ 6,\ 15,\ 31,\ 56,\ \cdots$

▶例題27，28

標準問題

38 次の数列 $\{a_n\}$ の初項から第 n 項までの和 S_n を求めよ。

(1) $1\cdot3,\ 2\cdot5,\ 3\cdot7,\ 4\cdot9,\ \cdots$ (2) $2^2,\ 4^2,\ 6^2,\ 8^2,\ \cdots$

(3) $1\cdot3,\ 3\cdot5,\ 5\cdot7,\ 7\cdot9,\ \cdots$ (4) $1\cdot2\cdot3,\ 2\cdot3\cdot4,\ 3\cdot4\cdot5,\ \cdots$

▶例題25

39 次の数列 $\{a_n\}$ の一般項を求め，初項から第 n 項までの和 S_n を求めよ。

(1) $1,\ 1+4,\ 1+4+7,\ \cdots$ (2) $1^2,\ 1^2+3^2,\ 1^2+3^2+5^2,\ \cdots$

▶例題25

40 次の数列 $\{a_n\}$ の一般項を求め，初項から第 n 項までの和 S_n を求めよ。

(1) $1,\ 1+3,\ 1+3+3^2,\ 1+3+3^2+3^3,\ \cdots$

(2) $5,\ 55,\ 555,\ 5555,\ \cdots$

▶例題25

41 5 を分母とする正の既約分数のうち，50 以下のものの和を求めよ。

▶例題24

42 次の計算をせよ。

(1) $\displaystyle\sum_{m=1}^{n}\left\{\sum_{k=1}^{m}(k-1)\right\}$ (2) $\displaystyle\sum_{l=1}^{n}\left\{\sum_{m=1}^{l}\left(\sum_{k=1}^{m}k\right)\right\}$

▶例題25

43 階差数列の階差数列を調べることにより，次の数列 $\{a_n\}$ の一般項を求めよ。

(1) $1,\ 2,\ 4,\ 10,\ 23,\ 46,\ 82,\ 134,\ \cdots$

(2) $1,\ 2,\ 4,\ 9,\ 23,\ 64,\ 186,\ \cdots$

▶例題28

▶▶▶▶▶▶▶▶▶▶▶▶▶▶▶ |応|用|問|題| ◀◀◀◀◀◀◀◀◀◀◀◀◀◀◀

44 次の数列 $\{a_n\}$ の初項から第 n 項までの和 S_n を求めよ。

(1) $1\cdot n^2,\ 2\cdot(n-1)^2,\ 3\cdot(n-2)^2,\ \cdots,\ (n-1)\cdot 2^2,\ n\cdot 1^2$

(2) $(n+1)^2,\ (n+2)^2,\ (n+3)^2,\ \cdots,\ (n+n)^2$

▶例題26

45 $1,\ 2,\ 3,\ 4,\ \cdots,\ n$ の n 個の数から異なる 2 個の数をとって積をつくるとき，その総和を求めよ。

(▶例題22)

46 右の図は，縦の長さが n，横の長さが $2n$ の長方形に間隔 1 で格子状に線分を引いたものである。この図形の中に正方形は全部で何個あるか。

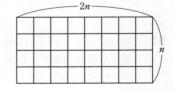

▶例題26

47 $\dfrac{3}{11}$ を小数で表したときの小数第 k 位の数を a_k とする。n を偶数とするとき，$\displaystyle\sum_{k=1}^{n}\dfrac{a_k}{9^k}$ を求めよ。

(▶例題23)

≪ヒント≫**41** $\dfrac{1}{5},\ \dfrac{2}{5},\ \dfrac{3}{5},\ \dfrac{4}{5},\ \cdots,\ \dfrac{250}{5}$ のうち，分子が 5 の倍数であるものを除いた和。

46 1 辺の長さが k である正方形の個数を考える。

47 $\dfrac{3}{11}=0.272727\cdots\cdots$ となるから，k が奇数のとき 2，偶数のとき 7 である。

4 いろいろな数列

標準問題

48 初項から第 n 項までの和 S_n が次のように与えられているとき，一般項 a_n を求めよ。

*(1) $S_n = n^2 - 3n$ (2) $S_n = 2n^2 - n + 1$

(3) $S_n = 3^n - 1$ *(4) $S_n = 2^n + 2n$

▶例題29

49 次の数列 $\{a_n\}$ の初項から第 n 項までの和 S_n を求めよ。

(1) $\dfrac{1}{2 \cdot 5}$, $\dfrac{1}{5 \cdot 8}$, $\dfrac{1}{8 \cdot 11}$, $\dfrac{1}{11 \cdot 14}$, $\cdots$

*(2) $\dfrac{1}{2 \cdot 4}$, $\dfrac{1}{4 \cdot 6}$, $\dfrac{1}{6 \cdot 8}$, $\dfrac{1}{8 \cdot 10}$, $\cdots$

(3) $\dfrac{1}{\sqrt{1}+\sqrt{3}}$, $\dfrac{1}{\sqrt{3}+\sqrt{5}}$, $\dfrac{1}{\sqrt{5}+\sqrt{7}}$, $\cdots$

*(4) $\dfrac{1}{\sqrt{1}+\sqrt{3}}$, $\dfrac{1}{\sqrt{2}+\sqrt{4}}$, $\dfrac{1}{\sqrt{3}+\sqrt{5}}$, $\cdots$

▶例題30, 31

*50 次の数列 $\{a_n\}$ の初項から第 n 項までの和 S_n を求めよ。

(1) $\dfrac{1}{1}$, $\dfrac{1}{1+2}$, $\dfrac{1}{1+2+3}$, $\dfrac{1}{1+2+3+4}$, $\cdots$

(2) $\dfrac{1}{2^2-1}$, $\dfrac{1}{3^2-1}$, $\dfrac{1}{4^2-1}$, $\dfrac{1}{5^2-1}$, $\cdots$

▶例題31

51 $k! \cdot k = (k+1)! - k!$ であることを示し，このことを利用して次の数列 $\{a_n\}$ の初項から第 n 項までの和 S_n を求めよ。

$1! \cdot 1$, $2! \cdot 2$, $3! \cdot 3$, $4! \cdot 4$, $\cdots$

▶例題30

52 次の数列 $\{a_n\}$ の初項から第 n 項までの和 S_n を求めよ。

$\dfrac{1}{1 \cdot 3 \cdot 5}$, $\dfrac{1}{3 \cdot 5 \cdot 7}$, $\dfrac{1}{5 \cdot 7 \cdot 9}$, $\dfrac{1}{7 \cdot 9 \cdot 11}$, $\cdots$

▶例題31

53 次の数列 $\{a_n\}$ の初項から第 n 項までの和 S_n を求めよ。

(1) 1, $\dfrac{2}{2}$, $\dfrac{3}{2^2}$, $\dfrac{4}{2^3}$, $\cdots$ *(2) $1 \cdot 3$, $3 \cdot 3^2$, $5 \cdot 3^3$, $7 \cdot 3^4$, $\cdots$

▶例題32

54 次の数列の和 S_n を求めよ。

(1) $S_n = 1 + 3x + 5x^2 + \cdots + (2n-1)x^{n-1}$

(2) $S_n = 2x + 4x^3 + 6x^5 + 8x^7 + \cdots + 2nx^{2n-1}$

▶例題32

＊55 自然数を次のように，第 n 群には n 個の数を含むように分ける。

$$1 \mid 2, \ 3 \mid 4, \ 5, \ 6 \mid 7, \ 8, \ 9, \ 10 \mid 11, \ 12, \ 13, \ \cdots$$

(1) 第 n 群の最後の数を求めよ。　　(2) 第 15 群の 7 番目の数を求めよ。

(3) 500 は第何群の何番目の数か。

▶例題33

56 自然数を次のように，第 n 群には 3^{n-1} 個の数を含むように分ける。

$$1 \mid 2, \ 3, \ 4 \mid 5, \ 6, \ 7, \ 8, \ 9, \ 10, \ 11, \ 12, \ 13 \mid 14, \ 15, \ \cdots$$

(1) 第 n 群の最初の数を求めよ。　　(2) 1000 は第何群の何番目の数か。

▶例題33

＊57 数列 $1, \ \dfrac{1}{2}, \ \dfrac{3}{2}, \ \dfrac{1}{3}, \ \dfrac{3}{3}, \ \dfrac{5}{3}, \ \dfrac{1}{4}, \ \dfrac{3}{4}, \ \dfrac{5}{4}, \ \dfrac{7}{4}, \ \dfrac{1}{5}, \ \cdots$

について，次の問いに答えよ。

(1) $\dfrac{19}{45}$ は第何項か。　　(2) 第 200 項を求めよ。

▶例題34

▶▶▶▶▶▶▶▶▶▶▶▶▶▶▶▶▶ |応|用|問|題| ◀◀◀◀◀◀◀◀◀◀◀◀◀◀◀◀◀

58 数列 $\{a_n\}$ の初項から第 n 項までの和 S_n が

$$S_n = an^2 + bn \quad (a, \ b \text{ は定数})$$

で表されるとき，数列 $\{a_n\}$ は等差数列であることを示せ。

▶例題29

59 自然数 n が n 個連続して現れる数列

$$1, \ 2, \ 2, \ 3, \ 3, \ 3, \ 4, \ 4, \ 4, \ 4, \ 5, \ 5, \ \cdots$$

について，この数列 $\{a_n\}$ の第 100 項と，初項から第 100 項までの和を求めよ。

▶例題34

60 奇数からなる数列を右図のように正方形状に
並べていく。対角線上に並んだ数列

$$1, \ 5, \ 13, \ 25, \ \cdots$$

の第 n 項を a_n とするとき，次の問いに答えよ。

(1) a_n を n を用いて表せ。

(2) $\displaystyle\sum_{k=1}^{n} a_k$ を求めよ。

$$
\begin{array}{ccccc}
1 & 3 & 9 & 19 & \cdots \\
& \downarrow & \downarrow & \downarrow & \\
7 & \leftarrow 5 & 11 & 21 & \cdots \\
& & \downarrow & \downarrow & \\
17 & \leftarrow 15 & \leftarrow 13 & 23 & \cdots \\
& & & \downarrow & \\
31 & \leftarrow 29 & \leftarrow 27 & \leftarrow 25 & \cdots \\
\vdots & \vdots & \vdots & \vdots &
\end{array}
$$

（▶例題34）

5 漸化式

*61 次のように定義された数列の a_2, a_3, a_4, a_5 を求めよ。

(1) $a_1=1$, $a_{n+1}=1-a_n$ (2) $a_1=2$, $a_{n+1}=3a_n+1$

(3) $a_1=1$, $a_2=2$, $a_{n+2}=3a_{n+1}-a_n$

▶例題35

*62 数列 $\{a_n\}$ において，次の関係があるとき，この数列はどんな数列か。また，その第 n 項を n の式で表せ。

(1) $a_1=\dfrac{1}{2}$, $a_{n+1}=a_n+\dfrac{1}{3}$ (2) $a_1=2$, $a_{n+1}=\dfrac{1}{3}a_n$

▶例題36

*63 次の数列を初項 a_1，および第 n 項 a_n と第 $(n+1)$ 項 a_{n+1} を用いて，漸化式で表せ。

(1) 2, 5, 8, 11, 14, … (2) 1, 3, 9, 27, 81, …

(3) 1, 2, 4, 7, 11, … (4) 1, 2, 6, 15, 31, …

▶例題35

*64 次の漸化式で定められる数列 $\{a_n\}$ の一般項を求めよ。

(1) $a_1=5$, $a_{n+1}-a_n=-2$ (2) $a_1=2$, $a_{n+1}-a_n=2n+1$

(3) $a_1=1$, $a_{n+1}-a_n=2^n$ (4) $a_1=1$, $a_{n+1}=a_n+(-3)^n$

▶例題37

65 次の漸化式で定められる数列 $\{a_n\}$ の一般項を求めよ。

*(1) $a_1=1$, $a_{n+1}=2a_n+4$ (2) $a_1=2$, $a_{n+1}=\dfrac{1}{3}a_n+2$

(3) $a_1=2$, $a_n=5a_{n-1}-3$ *(4) $a_1=-1$, $a_n+3a_{n-1}=1$

▶例題38，39

*66 $a_1=3$, $a_{n+1}=6a_n+3^{n+1}$ で定められる数列 $\{a_n\}$ について，次の問いに答えよ。

(1) $\dfrac{a_n}{3^n}=b_n$ とおいて，数列 $\{b_n\}$ の漸化式をつくれ。

(2) 数列 $\{b_n\}$ の一般項を求めよ。

(3) 数列 $\{a_n\}$ の一般項を求めよ。

▶例題41

*67 $a_1=1$, $a_{n+1}=\dfrac{1}{2}a_n+n$ で定められる数列 $\{a_n\}$ について，次の問いに答えよ。

(1) $b_n=a_{n+1}-a_n$ とおいて，数列 $\{b_n\}$ の漸化式をつくれ。

(2) 数列 $\{b_n\}$ の一般項を求めよ。

(3) 数列 $\{a_n\}$ の一般項を求めよ。

▶例題40

*68 次の漸化式で定められる数列 $\{a_n\}$ の一般項を求めよ。

(1) $a_1=1$, $a_{n+1}=\dfrac{a_n}{a_n+1}$ 　　　　(2) $a_1=2$, $a_{n+1}=\dfrac{3a_n}{a_n+2}$

▶例題42

*69 次の漸化式で定められる数列 $\{a_n\}$ の一般項を求めよ。

(1) $a_1=1$, $\dfrac{a_{n+1}}{n+1}=\dfrac{a_n}{n}+2$

(2) $a_1=2$, $na_{n+1}=(n+1)a_n+1$

▶例題43

70 次の漸化式で定められる数列 $\{a_n\}$ の一般項を求めよ。

(1) $a_1=1$, $a_2=3$, $a_{n+2}-4a_{n+1}+3a_n=0$

(2) $a_1=-1$, $a_2=4$, $a_{n+2}=-a_{n+1}+2a_n$

▶例題45

71 次の漸化式で定められる数列 $\{a_n\}$ の一般項を求めよ。

$a_1=2$, $a_2=5$, $a_{n+2}=a_{n+1}+6a_n$

▶例題46

72 次の関係式で定められる 2 つの数列 $\{a_n\}$, $\{b_n\}$ について，次の問いに答えよ。

$a_1=1$, $b_1=4$, $a_{n+1}=4a_n+b_n$, $b_{n+1}=a_n+4b_n$

(1) 数列 $\{a_n+b_n\}$, $\{a_n-b_n\}$ の一般項を求めよ。

(2) 数列 $\{a_n\}$, $\{b_n\}$ の一般項を求めよ。

▶例題47

73 数列 $\{a_n\}$ において，初項から第 n 項までの和を S_n とすると $S_n+2a_n=3n$ が成り立っている。このとき，次の問いに答えよ。

(1) a_{n+1} と a_n の間に成り立つ関係式を求めよ。

(2) 数列 $\{a_n\}$ の一般項を求めよ。

▶例題48

≪ヒント≫**73** a_{n+1} は，$a_{n+1}=S_{n+1}-S_n$ の関係式から出てくる。

74 $a_1=1$, $a_{n+1}=8a_n^2$ で定められる数列 $\{a_n\}$ について，次の問いに答えよ。

(1) $b_n=\log_2 a_n$ とおいて，数列 $\{b_n\}$ の漸化式をつくれ。

(2) 数列 $\{a_n\}$ の一般項を求めよ。

（▶例題39）

75 平面上に n 本の直線があり，どの2本も平行でなく，どの3本も同一の点を通らないものとする。これら n 本の直線によって分けられる平面の部分のうち，面積が有限なものの個数を a_n とする。

(1) a_{n+1} を a_n で表せ。　　　　(2) a_n を求めよ。

▶例題49

76 次の式で定められる数列 $\{a_n\}$ について，次の問いに答えよ。

$$a_1=2,\ a_{n+1}=\frac{5a_n+3}{a_n+3}$$

(1) $b_n=\dfrac{a_n+1}{a_n-3}$ とおくとき，数列 $\{b_n\}$ の漸化式を求めよ。

(2) 数列 $\{a_n\}$ の一般項を求めよ。

▶例題44

77 $a_1=1$ である数列 $\{a_n\}$ において，初項から第 n 項までの和 S_n が，関係式
$$nS_{n+1}=3(n+1)S_n \quad (n=1,\ 2,\ 3,\ \cdots)$$
を満たしているとき，次の問いに答えよ。

(1) $b_n=\dfrac{S_n}{n}$ とおくとき，b_n を n を用いて表せ。

(2) a_n を n を用いて表せ。

▶例題43，48

78 袋の中に赤球1個と白球3個が入っている。この袋の中から1個取り出し，色を確認して袋に戻すという操作を n 回繰り返す。このとき，赤球が出る回数が奇数である確率を p_n とする。次の問いに答えよ。

(1) p_1, p_2 を求めよ。　　　　(2) p_{n+1} を p_n で表せ。

(3) p_n を求めよ。

▶例題50

6 数学的帰納法

基本問題

*79 n が自然数のとき，次の等式が成り立つことを数学的帰納法で証明せよ。 ▶例題51

(1) $2+5+8+\cdots+(3n-1)=\dfrac{n(3n+1)}{2}$

(2) $2+2\cdot3+2\cdot3^2+\cdots+2\cdot3^{n-1}=3^n-1$

*80 n が 2 以上の自然数のとき，不等式 $3^n>n^2+2n$ が成り立つことを数学的帰納法で証明せよ。 ▶例題52

標準問題

81 n が自然数のとき，次の等式が成り立つことを数学的帰納法で証明せよ。 ▶例題51

(1) $\left(1+\dfrac{1}{2}\right)\left(1+\dfrac{1}{3}\right)\left(1+\dfrac{1}{4}\right)\cdots\left(1+\dfrac{1}{n}\right)=\dfrac{n+1}{2}$ $(n\geqq2)$

(2) $(n+1)(n+2)\cdots(2n)=2^n\cdot1\cdot3\cdot5\cdot\cdots\cdot(2n-1)$

*82 n が自然数のとき，次の不等式が成り立つことを数学的帰納法で証明せよ。 ▶例題52

$$\dfrac{1}{1^2}+\dfrac{1}{2^2}+\dfrac{1}{3^2}+\cdots+\dfrac{1}{n^2}\leqq2-\dfrac{1}{n}$$

83 次の漸化式で定められる数列 $\{a_n\}$ の一般項を推定し，それが正しいことを数学的帰納法で証明せよ。ただし，$n=1,\ 2,\ 3,\ \cdots$ とする。 ▶例題53

(1) $a_1=2,\ a_{n+1}=\dfrac{a_n}{1+a_n}$ *(2) $a_1=3,\ (n+1)a_{n+1}=a_n{}^2-1$

*84 n を自然数とするとき，$8^{2n-1}+1$ は 9 の倍数であることを示せ。 ▶例題55

▶▶▶▶▶▶▶▶▶▶▶▶▶▶▶▶▶ **応用問題** ◀◀◀◀◀◀◀◀◀◀◀◀◀◀◀◀◀

85 $(1+\sqrt{2})^n=a_n+b_n\sqrt{2}$ $(n=1,\ 2,\ 3,\ \cdots)$ が成り立つように，有理数の数列 $\{a_n\}$, $\{b_n\}$ が与えられている。このとき，$(1-\sqrt{2})^n=a_n-b_n\sqrt{2}$ $(n=1,\ 2,\ 3,\ \cdots)$ が成り立つことを数学的帰納法で証明せよ。 ▶例題54

86 $x=t+\dfrac{1}{t}$ とし，$p_n=t^n+\dfrac{1}{t^n}$ $(n=1,\ 2,\ 3,\ \cdots)$ とする。

p_n が x の n 次の整式で表されることを証明せよ。 ▶例題56

数学B編

7 確率変数の期待値・分散・標準偏差

基本問題

87 大小2個のさいころを同時に投げるとき,出る目の数の大きいほう(同じ目のときはその目の数)を X とする。　　　　　　　　　　　▶例題57

(1) X の確率分布を求めよ。　　　　(2) $P(4 \leq X \leq 5)$ を求めよ。

*88 1枚の硬貨を続けて4回投げるとき,表の出る回数を X とする。　▶例題57

(1) X の確率分布を求めよ。　　　　(2) $P(2 \leq X \leq 4)$ を求めよ。

(3) X の期待値 $E(X)$ を求めよ。

89 確率変数 X の確率分布が右の表のように与えられている。

X	1	2	3	4	計
P	a	a	a	b	1

このとき,X の期待値が3となるように a, b の値を定めよ。また,このとき X の分散と標準偏差を求めよ。　▶例題58

90 1つのさいころを投げるとき,出た目の数の正の約数の個数を X とする。このとき,確率変数 X の期待値,分散,標準偏差を求めよ。　▶例題58

*91 袋の中に赤球2個,白球3個が入っている。この中から,同時に3個の球を取り出したとき,その中に含まれている赤球の個数を X とする。このとき,確率変数 X の期待値,分散,標準偏差を求めよ。　▶例題58

標準問題

92 2つのさいころを同時に投げて,出た目の数の和を4で割ったときの余りを X とする。

(1) X の確率分布を求めよ。　　　　(2) X の期待値,分散を求めよ。

▶例題58

*93 1から5までの数字が1つずつかかれた5枚のカードの中から同時に3枚を取り出すとき,カードにかかれた数の最小値 X の期待値,分散,標準偏差を求めよ。

▶例題58

94 1とかかれた球が2個,2とかかれた球が2個,4とかかれた球が1個ある。この5個の球を袋の中に入れて,無作為に2個同時に取り出すとき,それらにかかれている数の和を X とする。このとき,X の期待値,分散,標準偏差を求めよ。

▶例題58

8 期待値・分散・標準偏差の性質

基本問題

95 1個のさいころを投げるとき，出た目の数を X とする。確率変数 Y が次の式で表されるとき，期待値 $E(Y)$，分散 $V(Y)$，標準偏差 $\sigma(Y)$ を求めよ。

(1) $Y = 2X + 1$ (2) $Y = -4X - 2$

▶例題59

＊96 確率変数 X の確率分布が右の表のように与えられている。$Y = aX + b$ で表される確率変数 Y の期待値 $E(Y)$，分散 $V(Y)$ について，$E(Y) = 0$，$V(Y) = 1$ となるように定数 a，b の値を定めよ。ただし，$a > 0$ とする。

X	0	1	2	3	計
P	$\frac{1}{8}$	$\frac{3}{8}$	$\frac{3}{8}$	$\frac{1}{8}$	1

▶例題59

97 1から5までの数字が1つずつかかれた5枚のカードがある。この中から1枚取り出し，数字を確認してもとに戻してもう1回1枚取り出す。1回目，2回目に取り出した数をそれぞれ X，Y とするとき，次の値を求めよ。

(1) $E(X+Y)$ (2) $E(XY)$ (3) $V(X+Y)$

▶例題60

標準問題

＊98 数直線上の原点に点Pがある。Pは1枚の硬貨を投げて，表が出るごとに $+3$ だけ，裏が出るごとに -2 だけそれぞれ数直線上を動く。硬貨を4回投げて，表の出た回数を X，点Pの座標を Y とする。このとき，Y を X で表し，Y の期待値，分散を求めよ。

▶例題59

99 確率変数 X の期待値は -3，分散は 5 である。$Y = aX + b$ で表される確率変数 Y の期待値が 0 であり，Y^2 の期待値が 10 であるとき，定数 a，b の値を求めよ。ただし，$a > 0$ とする。

▶例題59

＊100 確率変数 X は n 個の値 $1, 3, 5, \cdots, 2n-1$ をとり，X がそれぞれの値をとる確率はすべて等しいとき，$Y = 3X + 2$ で表される確率変数 Y の期待値，分散を求めよ。

▶例題59

101 A の袋には赤球 2 個と白球 4 個，B の袋には赤球 3 個と白球 3 個が入っている。A，B の袋からそれぞれ 2 個の球を同時に取り出すとき，A から取り出したときの赤球の個数を X，B から取り出したときの赤球の個数を Y とする。このとき，次の問いに答えよ。

(1) $X+Y$ の期待値と分散を求めよ。

(2) XY の期待値を求めよ。

▶例題60

102 100 円硬貨 2 枚と 10 円硬貨 3 枚を同時に投げて，表が出た硬貨を受け取るゲームがある。このゲームを 1 回だけ行うときの受け取る金額の期待値と分散を求めよ。

▶例題61

▶▶▶▶▶▶▶▶▶▶▶▶▶▶▶ |応|用|問|題| ◀◀◀◀◀◀◀◀◀◀◀◀◀◀◀

103 n は 2 以上の整数とする。1 から n までの数字が 1 つずつかかれた n 枚のカードの中から同時に 2 枚引くとき，2 枚にかかれている数のうち小さいほうを X とする。このとき，次の値を求めよ。

(1) $X=k$ $(k=1,\ 2,\ 3,\ \cdots,\ n-1)$ となる確率

(2) X の期待値

▶例題60

104 袋の中に赤球 5 個，白球 2 個，青球 3 個が入っている。この中から同時に 2 個の球を取り出し，その中に含まれる赤球，白球，青球の 1 個につきそれぞれ 100 円，50 円，20 円を受け取る。このとき，受け取る金額の期待値を求めよ。

▶例題61

105 3 から 7 までの数字が 1 つずつかかれた 5 枚のカードがある。この中から 1 枚取り出し，数字を確認してもとに戻してもう 1 回 1 枚取り出す。1 回目のカードの数字を十の位，2 回目のカードの数字を一の位として得られる 2 桁の整数を N とする。このとき，次の問いに答えよ。

(1) N の期待値 m と，標準偏差 $\sigma(N)$ を求めよ。

(2) $N \leqq \dfrac{6}{5}m$ となる確率を求めよ。

▶例題61

≪ヒント≫105 1 回目のカードの数字を X，2 回目を Y とすると，$N=10X+Y$ と表され，1 回目，2 回目とも取り出すカードの数字の期待値は同じである。

9 二項分布

106 次の確率変数 X の，二項分布 $P(X=r)={}_nC_r p^r q^{n-r}$ $(r=0,1,2,\cdots,n)$ を求めよ。また，それを $B(n,p)$ の形で表せ。

(1) さいころを8回投げるとき，3の倍数の目が出る個数 X

(2) 3枚の硬貨を同時に20回投げるとき，2枚が表である回数 X

▶例題62

***107** 1枚の硬貨を繰り返し7回投げるとき，表が出た回数を X とする。このとき，次の確率を求めよ。

(1) $P(1\le X\le2)$　　(2) $P(X\ge5)$　　(3) $P(X\ge1)$

▶例題62

108 確率変数 X が次の二項分布に従うとき，X の期待値，分散，標準偏差を求めよ。

(1) $B\left(10,\dfrac{2}{3}\right)$　　(2) $B\left(300,\dfrac{2}{5}\right)$　　(3) $B(1000,0.01)$

▶例題62

***109** (1) 1つのさいころを繰り返して18回投げるとき，1の目の出る回数を X とする。このとき，X の期待値と標準偏差を求めよ。

(2) ○，×で答える問題が50題ある。でたらめに○，×をつけて解答したときの正解数を X とする。このとき，X の期待値と標準偏差を求めよ。

▶例題62

110 日本人のおよそ40％は血液型がA型である。1000人の日本人を無作為に選んだとき，そのうちA型の人数を X とする。X の期待値と分散および標準偏差を求めよ。

▶例題62

111 発芽する確率が90％である種子がある。この種子300個をまくとき，発芽する種子の個数を X とする。このとき，X の期待値と標準偏差を求めよ。

▶例題62

112 4枚の硬貨を同時に投げることを繰り返し100回行い，表が2枚，裏が2枚出る回数を X とする。このとき，X の期待値と標準偏差を求めよ。

▶例題62

*113 期待値が 6，分散が 2 の二項分布に従う確率変数を X とするとき，次の問いに答えよ。

(1) 二項分布を $B(n, p)$ とおくとき，n と p を求めよ。

(2) $X=k$ となる確率を p_k で表すとき，p_k を最大とする k を求めよ。

▶例題62

114 確率変数 X は二項分布 $B\left(5, \dfrac{1}{4}\right)$ に従うものとし，X の期待値を m，標準偏差を σ とする。このとき，次の問いに答えよ。

(1) m と σ を求めよ。

(2) 確率 $P(|X-m|<\sigma)$ を求めよ。

▶例題62

115 座標平面上の原点から出発する動点 P は，1 個のさいころを投げて 1, 2, 3, 4 の目が出ると x 軸の正の方向に 1 だけ，5, 6 の目が出ると y 軸の正の方向に 1 だけ動くものとする。さいころを n 回投げたのちの，動点 P の x 座標を X，y 座標を Y とする。このとき，次の問いに答えよ。

(1) X の期待値と標準偏差を n で表せ。

(2) $Z=X-Y$ とするとき，Z の期待値と標準偏差を n で表せ。

▶例題62

▶▶▶▶▶▶▶▶▶▶▶▶▶▶▶▶ |応|用|問|題| ◀◀◀◀◀◀◀◀◀◀◀◀◀◀◀◀

*116 赤球と白球が合計 12 個入っている袋がある。この袋から無作為に 1 個取り出し，色を調べてもとに戻す操作を n 回繰り返す。赤球を取り出した回数を X とするとき，X の期待値が 4，分散が 3 であった。袋の中の赤球の個数と回数 n の値を求めよ。

▶例題62

117 1 個のさいころを n 回投げて 3 の倍数の目が k 回 $(k=0, 1, 2, \cdots, n)$ 出たとき 3^k 円受け取る。受け取る金額を X 円とするとき，X の期待値を求めよ。

≪ヒント≫113 (2) $\dfrac{p_{k+1}}{p_k}>1$ となる k の最大の値を求める。

115 (2) さいころを 1 回投げるごとに，x 軸または y 軸の正の方向に 1 だけ動くから，$X+Y=n$ と表せる。

117 二項定理 $\displaystyle\sum_{k=0}^{n} {}_n\mathrm{C}_k a^k b^{n-k}=(a+b)^n$ の変形を使う。

10 確率密度関数

118 確率変数 X の確率密度関数 $f(x)$ が次の式で表されているとき，次のそれぞれの確率を求めよ。　▶例題63

(1) $f(x)=2x\ (0 \leqq x \leqq 1)$ のとき，$P\left(0 \leqq x \leqq \dfrac{1}{2}\right)$, $P\left(\dfrac{1}{3} \leqq x \leqq 1\right)$

(2) $f(x)=\dfrac{1}{10}\ (0 \leqq x \leqq 10)$ のとき，$P(2 \leqq x \leqq 5)$, $P(9 \leqq x \leqq 10)$

*119 $0 \leqq X \leqq 4$ のすべての値をとる確率変数 X の確率密度関数 $f(x)$ が $f(x)=kx\ (k$ は定数$)$ で与えられているとき，次の値を求めよ。　▶例題63

(1) k の値　　　　　　　　　　　(2) $P(2 \leqq X \leqq 4)$

120 右の図は，区間 $1 \leqq X \leqq 3$ のすべての値をとる確率密度関数 $f(x)=ax+1\ (a$ は定数$)$ のグラフである。次の問いに答えよ。　▶例題63

(1) a の値を求めよ。

(2) $P(1 \leqq X \leqq 2)$ の値を求めよ。

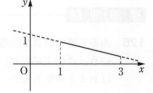

*121 右の図は，X を確率変数とする確率密度関数 $f(x)\ (0 \leqq x \leqq 2)$ のグラフである。次の問いに答えよ。　▶例題63

(1) a の値を求めよ。

(2) $P\left(\dfrac{1}{2} \leqq X \leqq 1\right)$ を求めよ。

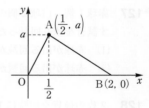

▶▶▶▶▶▶▶▶▶▶▶▶▶▶▶ 応 用 問 題 ◀◀◀◀◀◀◀◀◀◀◀◀◀◀◀

122 確率変数 x の確率密度関数 $f(x)$ が右のようなとき，次の問いに答えよ。　▶例題63

(1) 定数 a の値を求めよ。

(2) 確率変数 X の期待値と分散を求めよ。

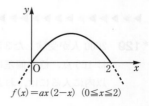

$f(x)=ax(2-x)\ (0 \leqq x \leqq 2)$

11 正規分布

▶例題64

基本問題

*123 確率変数 Z が標準正規分布 $N(0, 1)$ に従うとき，次の確率を求めよ。　▶例題64
(1) $P(1 \leq Z \leq 3)$ 　　　　(2) $P(-2 \leq Z \leq 1)$
(3) $P(Z \geq 1)$ 　　　　(4) $P(|Z| \geq 2)$

*124 確率変数 X が正規分布 $N(4, 3^2)$ に従うとき，次の確率を求めよ。　▶例題64
(1) $P(4 \leq X \leq 7)$ 　　(2) $P(1 \leq X \leq 10)$ 　　(3) $P(X \geq -5)$

*125 ある高校での，2年生男子の身長は平均 170 cm，標準偏差 5 cm である。身長の分布は正規分布に従うものとすると，この生徒の中で身長が 165 cm 以上 175 cm 以下の生徒はおよそ何％か。また，身長が 180 cm 以上の生徒はおよそ何％か。
▶例題64

標準問題

126 ある工場で製造される冷凍食品は，平均 300 g，標準偏差 2 g の正規分布に従うという。この工場では，296 g 以上 305 g 以下の製品は規格品としている。規格品はおよそ何％あるか。　▶例題64

*127 赤球 1 個，白球 2 個の入った袋の中から 1 個を取り出し，色を確認してもとに戻す試行を 450 回行った。次の確率を求めよ。　▶例題65
(1) 赤球が出る回数が 150 回以上 170 回以下である。
(2) 赤球が出る回数が 130 回以下である。

128 2枚の硬貨を同時に 1200 回投げるとき，2枚とも表が出る回数が 333 回以上となる確率を求めよ。　▶例題65

▶▶▶▶▶▶▶▶▶▶▶▶▶▶▶ 応用問題 ◀◀◀◀◀◀◀◀◀◀◀◀◀◀◀

*129 2000 人が受験した 3 教科の模試（1 教科 100 点満点）があり，その結果，平均点は 165 点，標準偏差は 40 点の正規分布に従うという。このテストで上位 100 人以内に入るには，およそ何点以上得点をとればよいか。　▶例題64

12 母集団分布と標本平均

*130 右下の表のように，2，4，6，8 の数字をかいた球が袋の中に 10 個入っている。
この球にかかれた数字 X をこの母集団の変量
とするとき，次の問いに答えよ。　　　▶例題66

数字 X	2	4	6	8
個数	4	3	2	1

(1) 母集団分布を求めよ。

(2) 母平均 μ，母分散 σ^2，母標準偏差 σ を求めよ。

(3) この袋の中から復元抽出により 1 個ずつ 10 回取り出すとき，その 10 個の数字の期待値 $E(\overline{X})$ と標準偏差 $\sigma(\overline{X})$ を求めよ。

131 母平均 25，母標準偏差 20 の母集団から大きさ 50 の標本を抽出するとき，その標本平均 $\overline{X}$ は，どのような正規分布とみなせるか。　　　▶例題66

*132 母平均 30，母標準偏差 10 の母集団から大きさ 25 の標本を抽出し，その標本平均を $\overline{X}$ とするとき，次の確率を求めよ。　　　▶例題66

(1) $P(28 \leq \overline{X} \leq 34)$　　　(2) $P(27 \leq \overline{X} \leq 31)$　　　(3) $P(\overline{X} \leq 32)$

133 母平均 20，母分散 60 の母集団から大きさ 15 の標本を反復抽出するとき，その標本平均 $\overline{X}$ の期待値 $E(\overline{X})$ と標準偏差 $\sigma(\overline{X})$ を求めよ。　　　▶例題66

*134 ある農園で生産している果物は，重さが平均値 90 g，標準偏差が 30 g の正規分布に従うという。この果物を無作為に 100 個取り出したとき，重さの標本平均 $\overline{X}$ が 84 g 以上 96 g 以下となる確率を求めよ。　　　▶例題66

135 ある国の人の血液型は A 型がおよそ 40 ％ である。この国の n 人を無作為に抽出するとき，k 番目に抽出された人の血液型が A 型なら 1，それ以外なら 0 の値を対応させる確率変数を X_k とする。次の問いに答えよ。　　　▶例題66

(1) 標本平均 $\overline{X} = \dfrac{1}{n}(X_1 + X_2 + \cdots + X_n)$ の期待値と標準偏差を求めよ。

(2) 標本平均 $\overline{X}$ の標準偏差を 0.04 以下にするには，標本の大きさをいくつ以上にすればよいか。

13 母平均・母比率の推定

基本問題

*136 ある母集団から復元抽出された大きさ 100 の標本があり，その平均値が 50，標準偏差が 5 であった。このとき，母平均 μ に対する信頼度 95 %の信頼区間を求めよ。また，信頼区間の幅を 1 以下にするには標本の大きさ n を少なくともいくつにすればよいか。
▶例題67

*137 全国の 18 歳の男女 600 人を無作為に抽出して，次の選挙の投票に行くかどうかを聞いたところ，240 人が行くと回答があった。18 歳男女全体の何%が次の選挙に行くと考えられるか。母比率 p に対する信頼度 95 %の信頼区間を求めよ。
▶例題68

138 ある工場で生産されている製品の重さは，標準偏差 4 g の正規分布に従うことがわかっている。大量にあるこの製品の中から 64 個を無作為に選び，重さを測ったら，平均値が 75 g であった。この工場で生産される全製品の重さの平均 μ に対する信頼度 95 %の信頼区間を求めよ。
▶例題67

139 A 市の市長選で，5 万人の有権者から 300 人を無作為に抽出し，K 氏を支持しているかどうか調べた結果，225 人が K 氏を支持していた。この A 市における有権者の K 氏の支持率 μ に対する信頼度 95 %の信頼区間を求めよ。
▶例題68

標準問題

*140 ある工場で大量に生産されるアルカリ電池から 625 本を無作為に抽出して電池の寿命を調べた。その結果，平均値が 800 時間，標準偏差が 125 時間であった。次の問いに答えよ。
(1) 電池の平均寿命 μ に対する信頼度 95 %の信頼区間を求めよ。
(2) 信頼度 95 %で平均寿命を推定するとき，信頼区間の幅を 10 時間以下にするためには，標本の大きさ n はどのようにすればよいか。
▶例題67

141 太郎さんは近くのパン工場で製造されるパンの重さの平均値 μ (g) を調べるために，20 個のパンの重さについて，信頼度 95 %の平均値の信頼区間を求めることにした。パンの重さは，平均値 μ，標準偏差 3 の正規分布に従うと仮定する。太郎さんは，次の(ア)，(イ)，(ウ)のように考えた。この中から正しいものを選べ。
(ア) 信頼度を 95 %から 99 %に変えると，信頼区間の幅は狭くなる。
(イ) 見た目に小さいパンだけを 20 個選ぶと，必ず信頼区間の幅は狭くなる。
(ウ) 調べるパンの個数を 20 個から 50 個に増やすと信頼区間の幅は狭くなる。
▶例題67，68

14 母平均・母比率の検定

基 本 問 題 ━━━━━━━━━━━━━━━━━━━━━━━━●

*142 ある工場で生産される製品は，1個の重さの平均が200 g，標準偏差が30 gの正規分布に従うという。このたび，新しい機械によって同じ製品を生産した。その中から400個を無作為に抽出して調べた結果，1個の重さが203 gであった。このことから，新しい機械によって製品の重さに変化があったといえるか。有意水準5％で仮説検定せよ。　　　　　　　　　　　　　　　　　　▶例題69

*143 ある地方で400人の新生児について，男女の比を調べたら，男子が212人，女子が188人であった。このことによって，この地方での男子と女子の出生率が異なると判定できるか。有意水準5％で仮説検定せよ。　　　　　　　　　　▶例題70

144 ある植物の種子は，これまでの経験から20％が発芽することがわかっている。この種子を無作為に100個選んで発芽させたところ，発芽したのは12個だった。これは何か特別な理由があったと考えられるか。有意水準5％で仮説検定せよ。　　　　　　　　　　　　　　　　　　　　　　　　　　　　　　　▶例題70

標 準 問 題 ━━━━━━━━━━━━━━━━━━━━━━━━■

145 あるさいころを200回投げたところ，1の目が40回出た。このさいころは1の目が出やすいといえるか。有意水準5％で仮説検定せよ。ただし，$\sqrt{10}=3.16$ とする。　　　　　　　　　　　　　　　　　　　　　　　　　　　　　　▶例題70

146 感染症Kの予防薬Aはこれまでの実績で80％の人に効果があるといわれている。最近，T薬品が開発した感染症Kの予防薬Bは，500人に投与したところ420人に効果があったと報告された。この予防薬Bは予防薬Aよりすぐれているといえるか。有意水準5％で仮説検定せよ。ただし，$\sqrt{5}=2.236$ とする。　　　　　　　　　　　　　　　　　　　　　　　　　　　　　　　▶例題70

147 袋の中に3個の球が入っている。この袋の中から同時に2個を無作為に取り出し，色を調べてから2個とも袋に戻すという試行を3回行ったところ，3回ともすべて赤色であった。この結果から袋の中の3個の球はすべて赤球であるといえるか。有意水準5％で仮説検定せよ。　　　　　　　　　　　　　　　　▶例題69

1 ベクトルの演算

基 本 問 題

*148 右の図の正六角形 ABCDEF において，頂点または O を始点，終点とするベクトルで次の条件を満たすものをすべて求めよ。

(1) $\overrightarrow{FA}$ と等しいベクトル

(2) $\overrightarrow{DE}$ と同じ向きのベクトル

(3) $\overrightarrow{AD}$ と大きさが等しいベクトル

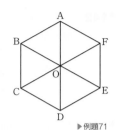

▶例題71

149 右の図のベクトル $\vec{a}$, $\vec{b}$, $\vec{c}$ に対して，次のベクトルを図示せよ。

*(1) $\vec{a}+\vec{b}$　　*(2) $\vec{b}+\vec{c}$　　*(3) $\vec{a}-\vec{b}$

(4) $\vec{b}-\vec{c}$　　*(5) $\dfrac{1}{3}\vec{c}$　　(6) $2\vec{a}+\vec{b}$

(7) $\vec{a}-2\vec{b}$　　(8) $-3\vec{a}+4\vec{b}$　　*(9) $3\vec{a}+2\vec{b}-\vec{c}$

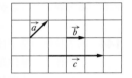

▶例題71

150 長方形 ABCD について，次のベクトルを A を始点としたベクトルで表せ。

(1) $\overrightarrow{AB}+\overrightarrow{AD}$　　　　(2) $\overrightarrow{AB}+\overrightarrow{BD}+\overrightarrow{DC}$

(3) $\overrightarrow{AC}-\overrightarrow{AB}$　　　　(4) $\overrightarrow{AD}-\overrightarrow{BD}$

▶例題72，73

151 三角形 ABC において，辺 BC，CA，AB の中点をそれぞれ P，Q，R とする。$\overrightarrow{AB}=\vec{b}$，$\overrightarrow{AC}=\vec{c}$ とするとき，次のベクトルを $\vec{b}$，$\vec{c}$ で表せ。

(1) $\overrightarrow{BC}$　　　　(2) $\overrightarrow{AP}$

(3) $\overrightarrow{BQ}$　　　　(4) $\overrightarrow{RQ}$

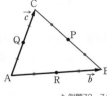

▶例題73，74

152 次の計算をせよ。

(1) $\vec{a}+5\vec{a}-2\vec{a}$　　　　*(2) $(2\vec{a}+3\vec{b})+(4\vec{a}-\vec{b})$

*(3) $(2\vec{a}+3\vec{b})-(4\vec{a}-\vec{b})$　　　　(4) $4(\vec{a}-3\vec{b})+3(\vec{b}-2\vec{a})$

*(5) $3(\vec{a}-3\vec{b})-2(\vec{b}-2\vec{a})$　　　　(6) $\dfrac{1}{2}\vec{a}-\dfrac{1}{3}(\vec{a}-2\vec{b})$

▶例題76

153 次の等式を満たす $\vec{x}$ を $\vec{a}$, $\vec{b}$ で表せ。

(1) $2\vec{x}-\vec{a}+\vec{b}=\vec{a}+\vec{x}$ *(2) $3(\vec{x}-\vec{a})=\vec{x}-2(\vec{b}+\vec{x})$

▶例題77

*154 右の図のような直角三角形 ABC がある。AC=4, BC=3 のとき，次のベクトルと平行な単位ベクトルを $\overrightarrow{CA}$, $\overrightarrow{CB}$ で表せ。

(1) $\overrightarrow{CB}$ (2) $\overrightarrow{AB}$

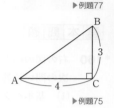

▶例題75

*155 次の等式が成り立つことを示せ。

(1) 三角形 ABC において，$\overrightarrow{AB}-\overrightarrow{AC}+\overrightarrow{BC}=\vec{0}$

(2) 四角形 ABCD において，$\overrightarrow{AC}+\overrightarrow{BD}-\overrightarrow{AD}-\overrightarrow{BC}=\vec{0}$

標 準 問 題

*156 正六角形 ABCDEF において，対角線 AC，BF の交点を G とする。$\overrightarrow{AB}=\vec{x}$, $\overrightarrow{AF}=\vec{y}$ として，次のベクトルを $\vec{x}$, $\vec{y}$ で表せ。

(1) $\overrightarrow{BC}$ (2) $\overrightarrow{AC}$ (3) $\overrightarrow{AG}$

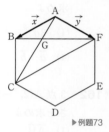

▶例題73

157 次の等式を満たす $\vec{x}$, $\vec{y}$ を $\vec{a}$, $\vec{b}$ で表せ。

(1) $\begin{cases} \vec{x}+\vec{y}=\vec{a} \\ \vec{x}-\vec{y}=\vec{b} \end{cases}$ *(2) $\begin{cases} \vec{x}-\vec{y}=\vec{a}+2\vec{b} \\ 2\vec{x}+3\vec{y}=7\vec{a}-\vec{b} \end{cases}$

▶例題77

*158 平行四辺形 ABCD において，辺 BC，CD を $2:1$ に内分する点をそれぞれ P，Q とする。$\overrightarrow{AP}=\vec{p}$, $\overrightarrow{AQ}=\vec{q}$ として，$\overrightarrow{AB}$, $\overrightarrow{AD}$ を $\vec{p}$, $\vec{q}$ で表せ。

▶例題74, 77

▶▶▶▶▶▶▶▶▶▶▶▶▶▶▶ 応 用 問 題 ◀◀◀◀◀◀◀◀◀◀◀◀◀◀◀

159 平行四辺形 ABCD の辺 AB 上に点 P，辺 BC 上に点 R，対角線 BD 上に点 Q を AP:PB=2:3，BR:RC=3:1，BQ:QD=1:2 となるようにそれぞれとる。$\overrightarrow{AB}=\vec{a}$, $\overrightarrow{AD}=\vec{b}$ とおく。次の問いに答えよ。

(1) $\overrightarrow{AP}$, $\overrightarrow{AQ}$, $\overrightarrow{AR}$ を，それぞれ $\vec{a}$, $\vec{b}$ を用いて表せ。

(2) $\overrightarrow{PQ}$, $\overrightarrow{PR}$ を，それぞれ $\vec{a}$, $\vec{b}$ を用いて表せ。

(3) $\overrightarrow{PR}=k\overrightarrow{PQ}$ となるような k の値を求めよ。

▶例題74

2 ベクトルの成分

基本問題

*160 右の図のベクトル $\vec{a}$, $\vec{b}$, $\vec{c}$, $\vec{d}$ について,
次の問いに答えよ。

(1) 基本ベクトル $\vec{e_1}$, $\vec{e_2}$ を用いて表せ。

(2) 成分で表せ。

(3) 大きさを求めよ。

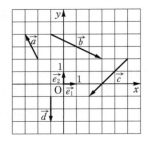

*161 $\vec{a}=(-1,\ 1)$, $\vec{b}=(2,\ -6)$, $\vec{c}=(1,\ -3)$ のとき, 次のベクトルの成分と大きさを
求めよ。

(1) $3\vec{a}$ 　　　　　　(2) $-\dfrac{1}{2}\vec{b}$ 　　　　　　(3) $\vec{a}+\vec{b}$

(4) $\vec{a}-\vec{b}$ 　　　　　　(5) $2\vec{b}-\vec{c}$ 　　　　　　(6) $2\vec{a}-\vec{b}+\vec{c}$

▶例題78

*162 3点 A$(2,\ -1)$, B$(-1,\ 1)$, C$(-2,\ -3)$ について, 次のベクトルの成分と大き
さを求めよ。

(1) $\overrightarrow{AB}$ 　　　(2) $\overrightarrow{CB}$ 　　　(3) $\overrightarrow{AB}+\overrightarrow{AC}$ 　　　(4) $2\overrightarrow{BC}-\overrightarrow{AC}$

▶例題79

163 4点 A$(0,\ 1)$, B$(3,\ -2)$, C$(6,\ 4)$, D$(x,\ y)$ に対して, 次の等式が成り立つと
き, x, y の値を求めよ。

(1) $\overrightarrow{AD}=\overrightarrow{BC}$ 　　　(2) $3\overrightarrow{DB}=\overrightarrow{AB}$ 　　　(3) $\overrightarrow{BD}+2\overrightarrow{CD}=\vec{0}$

▶例題79

*164 $\vec{a}=(3,\ 1)$, $\vec{b}=(2,\ -1)$, $\vec{c}=(-6,\ 8)$ のとき, $(\vec{a}+t\vec{b})/\!/\vec{c}$ となるように t の値
を定めよ。

▶例題82

165 2つのベクトル $\vec{a}$, $\vec{b}$ が1次独立であるとき, 次の式が成り立つように x, y の値
を定めよ。

(1) $(x+2)\vec{a}+(y+1)\vec{b}=3\vec{a}-2\vec{b}$ 　　　(2) $(x+y-1)\vec{a}+(2x+y-3)\vec{b}=\vec{0}$

▶例題84

166 $\vec{a}=(2,\ 1)$, $\vec{b}=(-1,\ 3)$ のとき, 次のベクトルを $m\vec{a}+n\vec{b}$ の形に表せ。

(1) $\vec{c}=(-7,\ 7)$ 　　　　　　*(2) $\vec{d}=(9,\ 1)$

▶例題85

*167 平行四辺形 ABCD において，A$(-1,\ 3)$，B$(8,\ -2)$，C$(13,\ 5)$ とするとき，頂点 D の座標をベクトルを用いて求めよ。

▶例題80

168 $2\vec{a}+\vec{b}=(5,\ 12)$，$\vec{a}-2\vec{b}=(-15,\ 1)$ を満たすベクトル $\vec{a}$，$\vec{b}$ を求めよ。

▶例題78

*169 (1) $\vec{a}=(5,\ -12)$ と同じ向きの単位ベクトルを求めよ。

(2) $\vec{a}=(-2,\ 1)$ と平行で，大きさが $\sqrt{15}$ のベクトルを求めよ。

▶例題81

170 (1) $\vec{x}=(1,\ t+1)$ と $\vec{y}=(t+3,\ 8)$ が平行のとき，t の値を求めよ。

*(2) $\vec{p}=(x,\ 4)$，$\vec{q}=(1,\ -2)$ に対して，$\vec{p}+\vec{q}$ と $\vec{p}-\vec{q}$ が平行になるときの x の値を求めよ。

▶例題82

*171 $\vec{p}=(-3,\ k)$，$\vec{q}=(4,\ 1)$ について，次の条件を満たすように k の値を定めよ。

(1) $|\vec{p}|=|\vec{q}|$ 　　　(2) $\vec{p} \not\parallel \vec{q}$ かつ $(2\vec{p}+\vec{q})\parallel(\vec{p}+k\vec{q})$

▶例題82

*172 $\vec{a}=(2,\ 4)$，$\vec{b}=(1,\ -1)$ に対して，$\vec{p}=\vec{a}+t\vec{b}$（t は実数）とするとき，次の問いに答えよ。

(1) $|\vec{p}|=6$ となるときの t の値を求めよ。

(2) $|\vec{p}|$ の最小値と，そのときの t の値を求めよ。

▶例題83

▶▶▶▶▶▶▶▶▶▶▶▶▶▶▶ 応用問題 ◀◀◀◀◀◀◀◀◀◀◀◀◀◀◀

173 3つのベクトル $\vec{a}=(-1,\ 2)$，$\vec{b}=(-1,\ -2)$，$\vec{c}=(3,\ 4)$ に対して，$\overrightarrow{BC}=\vec{a}$，$\overrightarrow{CA}=m\vec{b}$，$\overrightarrow{AB}=n\vec{c}$ となる三角形 ABC が存在するような m および n の値を求めよ。

(▶例題79)

≪ヒント≫173 △ABC が存在するとき，$\overrightarrow{AB}+\overrightarrow{BC}+\overrightarrow{CA}=\vec{0}$ が成り立つ。

3 ベクトルの内積(1)

基本問題

*174 次のベクトル $\vec{a}$, $\vec{b}$ の内積を求めよ。ただし，θ は $\vec{a}$, $\vec{b}$ のなす角とする。

(1) $|\vec{a}|=5$, $|\vec{b}|=2$, $\theta=45°$　　　(2) $|\vec{a}|=3$, $|\vec{b}|=4$, $\theta=120°$

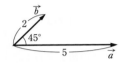 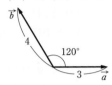

▶例題86

*175　1辺の長さが2の正方形 ABCD において，辺 BC の中点を M，対角線 AC，BD の交点を O とするとき，次の内積を求めよ。

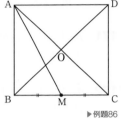

(1) $\overrightarrow{AB}\cdot\overrightarrow{AC}$　　(2) $\overrightarrow{AB}\cdot\overrightarrow{BC}$　　(3) $\overrightarrow{CD}\cdot\overrightarrow{OB}$

(4) $\overrightarrow{CA}\cdot\overrightarrow{OA}$　　(5) $\overrightarrow{AB}\cdot\overrightarrow{AM}$　　(6) $\overrightarrow{AD}\cdot\overrightarrow{AM}$

▶例題86

176 次のベクトル $\vec{a}$, $\vec{b}$ の内積を求めよ。

*(1) $\vec{a}=(4,\ -1)$, $\vec{b}=(3,\ 5)$　　(2) $\vec{a}=(-3,\ -2)$, $\vec{b}=(2,\ 0)$

(3) $\vec{a}=(\sqrt{3},\ 2)$, $\vec{b}=(3,\ -\sqrt{3})$　*(4) $\vec{a}=(2,\ 6)$, $\vec{b}=(-3,\ 1)$

▶例題87

*177 次のベクトル $\vec{a}$, $\vec{b}$ のなす角 θ を求めよ。

(1) $|\vec{a}|=\sqrt{2}$, $|\vec{b}|=\sqrt{6}$, $\vec{a}\cdot\vec{b}=\sqrt{3}$

(2) $|\vec{a}|=2$, $|\vec{b}|=2$, $\vec{a}\cdot\vec{b}=-2\sqrt{2}$

▶例題88

178 次のベクトル $\vec{a}$, $\vec{b}$ のなす角 θ を求めよ。

*(1) $\vec{a}=(-1,\ 2)$, $\vec{b}=(1,\ 3)$

(2) $\vec{a}=(1,\ \sqrt{3})$, $\vec{b}=(3,\ \sqrt{3})$

(3) $\vec{a}=(-1,\ 1)$, $\vec{b}=(\sqrt{3}+1,\ \sqrt{3}-1)$

*(4) $\vec{a}=(\sqrt{2}-1,\ 1)$, $\vec{b}=(\sqrt{2},\ \sqrt{2}-2)$

▶例題88

179 次のベクトル $\vec{a}$, $\vec{b}$ が垂直になるように k の値を定めよ。

(1) $\vec{a}=(6,\ -1)$, $\vec{b}=(k,\ 4)$　　(2) $\vec{a}=(1,\ k+1)$, $\vec{b}=(-2,\ k)$

▶例題89

*180 $\vec{a}=(3,\ 4)$ に垂直な単位ベクトルを求めよ。

▶例題90

*181 1辺の長さが1である正六角形 ABCDEF において，
次の内積を求めよ。
(1) $\overrightarrow{AE}\cdot\overrightarrow{BC}$
(2) $\overrightarrow{AF}\cdot\overrightarrow{EF}$
(3) $\overrightarrow{CD}\cdot\overrightarrow{EB}$

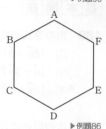

▶例題86

*182 $\vec{a}=(1,\ 3)$, $\vec{b}=(5,\ 2)$ のとき，$2\vec{a}-\vec{b}$ と $\vec{a}+t\vec{b}$ が垂直になるように，t の値を定めよ。

▶例題89

183 $\vec{a}=(1,\ 2)$, $\vec{b}=(2,\ y)$ が 45° の角をなすとき，y の値を求めよ。

▶例題89

*184 $\vec{a}=(1,\ \sqrt{3}\,)$ と 30° の角をなす単位ベクトル $\vec{e}$ を求めよ。

▶例題89

*185 O$(0,\ 0)$, A$(1,\ 3)$, B$(-2,\ 2)$ のとき，次の問いに答えよ。
(1) $\angle AOB=\theta$ とするとき，$\sin\theta$ の値を求めよ。
(2) $\triangle OAB$ の面積 S を求めよ。

▶例題91

▶▶▶▶▶▶▶▶▶▶▶▶▶▶▶ 応 用 問 題 ◀◀◀◀◀◀◀◀◀◀◀◀◀◀◀

186 次の3点を頂点とする三角形の面積 S を求めよ。
(1) O$(0,\ 0)$, A$(1,\ 2)$, B$(-3,\ 2)$
(2) A$(-2,\ 3)$, B$(-1,\ 4)$, C$(4,\ 5)$

▶例題91

187 $\vec{a}=(2,\ x)$, $\vec{b}=(1,\ y)$ とする。$\vec{a}$, $\vec{b}$ が直交し，$\vec{a}-\vec{b}$ の大きさが $\sqrt{10}$ であるとき，x, y の値を求めよ。

▶例題90

188 A$(0,\ 2)$, B$(4,\ 0)$ とする。$\triangle ABC$ の面積が 3，$\angle ACB=90°$ となる点 C の座標をすべて求めよ。

(▶例題89, 91)

4 ベクトルの内積(2)

189 次の等式が成り立つことを示せ。

(1) $(2\vec{a}+\vec{b})\cdot(2\vec{a}-\vec{b})=4|\vec{a}|^2-|\vec{b}|^2$

(2) $|\vec{a}+3\vec{b}|^2=|\vec{a}|^2+6\vec{a}\cdot\vec{b}+9|\vec{b}|^2$

*(3) $|t\vec{a}+\vec{b}|^2=t^2|\vec{a}|^2+2t\vec{a}\cdot\vec{b}+|\vec{b}|^2$

▶例題92

190 次の問いに答えよ。

*(1) $|\vec{a}|=2$, $|\vec{b}|=3$, $\vec{a}\cdot\vec{b}=-1$ のとき, $(\vec{a}-3\vec{b})\cdot(2\vec{a}+\vec{b})$ および $|\vec{a}+2\vec{b}|$ の値を求めよ。

(2) $|\vec{a}|=2$, $|\vec{b}|=4$ で, $\vec{a}$ と $\vec{b}$ のなす角が $120°$ のとき, $|2\vec{a}-\vec{b}|$ を求めよ。

▶例題92

*191 $|\vec{a}|=2$, $|\vec{b}|=\sqrt{3}$, $|\vec{a}-2\vec{b}|=2$ のとき, 次の問いに答えよ。

(1) 内積 $\vec{a}\cdot\vec{b}$ を求めよ。　　　　　(2) $\vec{a}$ と $\vec{b}$ のなす角を求めよ。

(3) $2\vec{a}-\vec{b}$ と $\vec{a}+t\vec{b}$ が垂直となる t の値を求めよ。

▶例題92

192 $\vec{a}+\vec{b}$ と $5\vec{a}-2\vec{b}$ が垂直で, $|\vec{b}|=2|\vec{a}|$ ($\neq0$) であるとき, $\vec{a}$ と $\vec{b}$ のなす角 θ を求めよ。

▶例題93

193 $\vec{a}=(2,\ 3)$, $\vec{b}=(3,\ 2)$ のとき, $(\vec{a}+t\vec{b})\perp(\vec{a}+\vec{b})$ となる t の値を求めよ。

▶例題93

194 ベクトル $\vec{a}$, $\vec{b}$ が $|\vec{a}+\vec{b}|=3$, $|\vec{a}-\vec{b}|=1$, $|\vec{a}|=\sqrt{2}$ を満たしているとき, 内積 $\vec{a}\cdot\vec{b}$ および $|\vec{b}|$ を求めよ。

▶例題93

195 $\triangle$OAB において, $\overrightarrow{OA}=\vec{a}$, $\overrightarrow{OB}=\vec{b}$ とする。

$|\vec{a}|=3$, $|\vec{b}|=5$, $|\vec{a}+\vec{b}|=6$ のとき, 次の問いに答えよ。

(1) 内積 $\vec{a}\cdot\vec{b}$ を求めよ。

(2) $\triangle$OAB の面積を求めよ。

▶例題93

*196 $|\vec{a}|=3$, $|\vec{b}|=2$, $\vec{a}\cdot\vec{b}=4$ のとき，次の問いに答えよ。
 (1) $|\vec{a}+t\vec{b}|$ の最小値と，そのときの t の値を求めよ。ただし，t は実数とする。
 (2) (1)の t の値を t_0 とするとき，$\vec{a}+t_0\vec{b}$ と $\vec{b}$ が垂直であることを示せ。

▶例題95

*197 平面上の4つの点 A，B，C，P に対し，$|\overrightarrow{PA}|=1$，$|\overrightarrow{PB}|=\sqrt{2}$，$|\overrightarrow{PC}|=\sqrt{3}$ であり，かつ $\overrightarrow{PA}+\overrightarrow{PB}+\overrightarrow{PC}=\vec{0}$ が成り立っている。このとき，内積 $\overrightarrow{PA}\cdot\overrightarrow{PC}$ の値を求めよ。

▶例題94

▶▶▶▶▶▶▶▶▶▶▶▶▶▶▶ |応|用|問|題| ◀◀◀◀◀◀◀◀◀◀◀◀◀◀◀

198 3つのベクトル $\vec{a}$, $\vec{b}$, $\vec{c}$ について，
$$\vec{a}+\vec{b}+\vec{c}=\vec{0},\ \vec{a}\cdot\vec{b}=\vec{b}\cdot\vec{c}=\vec{c}\cdot\vec{a}=-1$$
が成り立つとき，次の問いに答えよ。
 (1) $\vec{a}$, $\vec{b}$, $\vec{c}$ の大きさを求めよ。　　(2) $\vec{a}$ と $\vec{b}$ のなす角 θ を求めよ。

▶例題94

199 O を中心とする半径1の円に内接する三角形 ABC があり，ベクトル $\overrightarrow{OA}$，$\overrightarrow{OB}$，$\overrightarrow{OC}$ が $3\overrightarrow{OA}+4\overrightarrow{OB}+5\overrightarrow{OC}=\vec{0}$ を満たしている。次の問いに答えよ。
 (1) 内積 $\overrightarrow{OA}\cdot\overrightarrow{OB}$，$\overrightarrow{OB}\cdot\overrightarrow{OC}$，$\overrightarrow{OC}\cdot\overrightarrow{OA}$ の値を求めよ。
 (2) △ABC の面積 S を求めよ。

▶例題94

*200 $\vec{a}$, $\vec{b}$ が $|\vec{a}+2\vec{b}|=|\vec{a}-\vec{b}|=\sqrt{3}$，$(\vec{a}+\vec{b})\perp(\vec{a}-\vec{b})$ を満たすとき，次の問いに答えよ。
 (1) $|\vec{a}|$，$|\vec{b}|$ の大きさを求めよ。
 (2) $\vec{a}$ と $\vec{b}$ のなす角 θ $(0°\leqq\theta\leqq180°)$ を求めよ。
 (3) $\vec{a}+\vec{b}$ と $t\vec{a}-\vec{b}$ のなす角が $150°$ となる t の値を求めよ。

▶例題93

201 ベクトル $\vec{a}$, $\vec{b}$ が，$|\vec{a}|=2$，$|\vec{b}|=1$，$|\vec{a}-\vec{b}|\leqq\sqrt{3}$ を満たすとき，次の問いに答えよ。
 (1) $\vec{a}$ と $\vec{b}$ のなす角 θ の値の範囲を求めよ。ただし，$0°\leqq\theta\leqq180°$ とする。
 (2) ベクトル $\vec{c}$, $\vec{d}$ が，$\vec{a}=4\vec{c}-3\vec{d}$，$\vec{b}=3\vec{c}-2\vec{d}$ を満たすとき，内積 $\vec{c}\cdot\vec{d}$ の値の範囲を求めよ。

▶例題92，93

≪ヒント≫199　△ABC が O を中心とする半径1の円に内接するから $|\overrightarrow{OA}|=|\overrightarrow{OB}|=|\overrightarrow{OC}|=1$ である。

5 位置ベクトル

基本問題

*202 2点 $A(\vec{a})$，$B(\vec{b})$ について，次の点の位置ベクトルを $\vec{a}$，$\vec{b}$ を用いて表せ。
(1) 線分 AB を $3:1$ に内分する点 $P(\vec{p})$，外分する点 $Q(\vec{q})$
(2) 線分 AB を $2:5$ に内分する点 $P(\vec{p})$，外分する点 $Q(\vec{q})$
(3) 線分 AB の中点 $M(\vec{m})$

▶例題96

*203 △ABC において，辺 BC を $1:2$ に内分，外分する点をそれぞれ P，Q，辺 AC の中点を R とする。$\overrightarrow{AB}=\vec{b}$，$\overrightarrow{AC}=\vec{c}$ とするとき，$\overrightarrow{PR}$ および $\overrightarrow{RQ}$ を $\vec{b}$，$\vec{c}$ を用いて表せ。

▶例題96

204 平行四辺形 ABCD の対角線 BD を $1:2$ に内分する点を E とし，△ABD の重心を G とする。
$\overrightarrow{AB}=\vec{a}$，$\overrightarrow{AD}=\vec{b}$ とするとき，次のベクトルを $\vec{a}$，$\vec{b}$ で表せ。

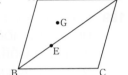

(1) $\overrightarrow{AE}$ (2) $\overrightarrow{AG}$ (3) $\overrightarrow{EG}$
(4) $\overrightarrow{CE}$ (5) $\overrightarrow{GC}$

▶例題96

205 △ABC の辺 BC，CA，AB の中点をそれぞれ L，M，N とし，重心を G とするとき，次の等式が成り立つことを証明せよ。
(1) $\overrightarrow{GA}+\overrightarrow{GB}+\overrightarrow{GC}=\vec{0}$ *(2) $\overrightarrow{GL}+\overrightarrow{GM}+\overrightarrow{GN}=\vec{0}$

▶例題96

206 △ABC の辺 BC，CA，AB を $3:2$ に内分する点を，それぞれ D，E，F とするとき，△DEF の重心は △ABC の重心と一致することを示せ。

▶例題96

*207 △ABC において，辺 AB を $4:1$ に外分する点を D，辺 AC を $3:2$ に内分する点を E とする。$\overrightarrow{AB}=\vec{a}$，$\overrightarrow{AC}=\vec{b}$ として，次の問いに答えよ。
(1) 線分 DE を $5:6$ に内分する点を P とするとき，$\overrightarrow{AP}$ を $\vec{a}$，$\vec{b}$ で表せ。
(2) 点 P は辺 BC を $3:8$ に内分する点であることを示せ。

▶例題96

208 平面上に △ABC と点 P があり，次の等式が成り立っているとき，点 P はどのような位置にあるか。

(1) $2\overrightarrow{AP}=\overrightarrow{AB}$

*(2) $5\overrightarrow{AP}+2\overrightarrow{BA}=3\overrightarrow{AC}$

(3) $2\overrightarrow{BP}=\overrightarrow{PC}$

*(4) $\overrightarrow{PA}+\overrightarrow{PB}+\overrightarrow{PC}=\overrightarrow{BC}$

▶例題97

*209 四角形 ABCD において，辺 AB，BC，CD，DA の中点をそれぞれ P，Q，R，S とするとき，位置ベクトルを用いて次のことを証明せよ。

(1) 等式 $\overrightarrow{AD}+\overrightarrow{BC}=2\overrightarrow{PR}$ が成り立つ。

(2) 四角形 PQRS は平行四辺形である。

*210 △ABC の内部に点 P があり，$3\overrightarrow{PA}+4\overrightarrow{PB}+5\overrightarrow{PC}=\vec{0}$ が成り立っているとき，次の問いに答えよ。

(1) 点 P はどのような位置にあるか。

(2) 三角形の面積比 △PBC：△PCA：△PAB を求めよ。

▶例題98

211 △ABC において，辺 BC，CA をそれぞれ 3：4，2：3 に内分する点を M，N とし，線分 AM，BN をそれぞれ 7：2，5：4 に内分する点を P，Q とする。このとき，点 P と Q は一致することを示せ。

▶例題96

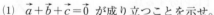

212 △ABC において，辺 BC，CA，AB の中点をそれぞれ P，Q，R とする。さらに，線分 AP を 2：1 に内分する点を O とし，$\overrightarrow{OA}=\vec{a}$，$\overrightarrow{OB}=\vec{b}$，$\overrightarrow{OC}=\vec{c}$ とおくとき，次の問いに答えよ。

(1) $\vec{a}+\vec{b}+\vec{c}=\vec{0}$ が成り立つことを示せ。

(2) 辺 AB，BC，CA を 2：1 に内分する点をそれぞれ A_1，B_1，C_1 とする。また，線分 A_1B_1，B_1C_1，C_1A_1 を 2：1 に内分する点をそれぞれ A_2，B_2，C_2 とする。$\overrightarrow{OA_2}$ を $\vec{a}$ を用いて表せ。

(3) 線分 B_2C_2 と線分 QR が平行であることを示せ。

(4) △PQR の面積を S とするとき，△$A_2B_2C_2$ の面積を S を用いて表せ。

（▶例題96）

6 ベクトルと図形(1)

213 3点 A$(-2, 3)$, B$(1, y)$, C$(3, -7)$ が一直線上にあるように, y の値を定めよ。

▶例題99

*214 △ABC で辺 AB を $1:2$ に内分する点を P, 辺 AC の中点を Q, 辺 BC を $2:1$ に外分する点を R とする。$\overrightarrow{AB}=\vec{b}$, $\overrightarrow{AC}=\vec{c}$ とするとき, 次の 問いに答えよ。

(1) $\overrightarrow{PQ}$, $\overrightarrow{PR}$ を $\vec{b}$, $\vec{c}$ で表せ。

(2) 3点 P, Q, R は一直線上にあることを示せ。

(3) 点 Q は線分 PR をどのような比に分ける点 か。

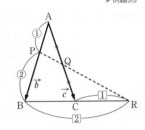

▶例題99

215 △OAB の辺 OA, OB の中点をそれぞれ M, N とするとき, $\overrightarrow{MN}=\dfrac{1}{2}\overrightarrow{AB}$ であることを示せ。

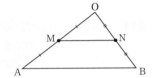

216 △ABC の辺 AB を $5:2$ に内分する点を D, 辺 AC を $5:3$ に内分する点を E とするとき, 線分 DE は △ABC の重心 G を通ることを示せ。

▶例題99

*217 △ABC において, 辺 AB を $3:1$ に内分する点を D, 辺 AC を $1:2$ に内分する点を E とし, BE と CD の交点を P とする。$\overrightarrow{AB}=\vec{b}$, $\overrightarrow{AC}=\vec{c}$ とするとき, 次の問いに答えよ。

(1) $\overrightarrow{AP}$ を $\vec{b}$, $\vec{c}$ で表せ。

(2) 直線 AP と BC の交点を Q として, BQ:QC を求めよ。

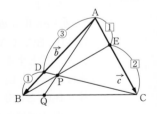

▶例題100

218 平行四辺形 ABCD において，辺 BC を 2：1 に
内分する点を E とし，AE と BD との交点を P
とする。$\overrightarrow{AB}=\vec{b}$，$\overrightarrow{AD}=\vec{d}$ とするとき，$\overrightarrow{AP}$ を $\vec{b}$，
$\vec{d}$ で表せ。

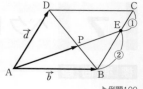

▶例題100

***219** △ABC の辺 BC，CA 上にそれぞれ点 D，E を BD：DC＝1：2，
CE：EA＝2：3 であるようにとり，辺 AB の中点を F とする。BE と DF の交
点を P とする。$\overrightarrow{BA}=\vec{a}$，$\overrightarrow{BC}=\vec{c}$ とするとき，次の問いに答えよ。
(1) $\overrightarrow{BP}$ を $\vec{a}$，$\vec{c}$ で表せ。　　　　　　(2) BP：PE を求めよ。

▶例題100

▶▶▶▶▶▶▶▶▶▶▶▶▶▶▶ |応|用|問|題| ◀◀◀◀◀◀◀◀◀◀◀◀◀◀◀

220 平行四辺形 ABCD において，対角線 BD の中点を E，辺 AD を 3：2 に内分する
点を F とする。$\overrightarrow{AB}=\vec{b}$，$\overrightarrow{AD}=\vec{d}$ とするとき，次の問いに答えよ。
(1) △BCD の重心を G とするとき，$\overrightarrow{AG}$ を $\vec{b}$，$\vec{d}$ で表せ。
(2) 直線 AE と直線 BF の交点を S とするとき，$\overrightarrow{AS}$ を $\vec{b}$，$\vec{d}$ で表せ。
(3) 線分 AC の長さが 36 のとき，線分 SG の長さを求めよ。

（▶例題100）

221 AD∥BC かつ AD：BC＝1：2 である台形 ABCD において，辺 AB を 1：3 に
内分する点を E，辺 CD を 4：3 に内分する点を F，また，対角線 AC，BD の交
点を P とする。さらに，$\overrightarrow{AB}=\vec{a}$，$\overrightarrow{AD}=\vec{b}$ とおく。このとき，次の問いに答えよ。
(1) $\overrightarrow{AF}$，$\overrightarrow{AP}$ をそれぞれ $\vec{a}$，$\vec{b}$ で表せ。
(2) 点 P が直線 EF 上にあることを証明し，さらに EP：PF を求めよ。

▶例題99

222 長方形 ABCD について，次の問いに答えよ。
(1) $\overrightarrow{EB}+\overrightarrow{EC}+\overrightarrow{ED}=\overrightarrow{EA}$ を満たす点 E はどんな点か。
(2) $\overrightarrow{PB}+\overrightarrow{PC}+\overrightarrow{PD}=x\overrightarrow{PA}$ を満たす点 P が，この長方形の内部にあるとき，実数
x の値の範囲を求めよ。

▶例題99

≪ヒント≫222　(1)，(2)とも始点を A にそろえて考える。

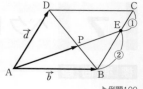

7 ベクトルと図形(2)

標準問題

*223 点 P は，線分 AB を直径とする円 O の円周上にある。点 P が A，B と異なるとき，∠APB=90° であることを，ベクトルを用いて証明せよ。

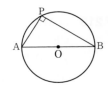

▶例題102

*224 ∠A=90° の直角三角形 ABC において，辺 BC を 2：1 に内分する点を P，辺 CA の中点を Q とする。AP⊥BQ ならば AB=AC が成り立つことを，ベクトルを用いて証明せよ。

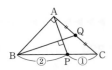

▶例題102

*225 AB=2，AC=3，∠BAC=60° である △ABC の頂点 A から辺 BC に垂線 AH を引く。このとき，BH：HC を求めよ。

▶例題101

226 △ABC と，A，B，C と異なる点 O がある。$\overrightarrow{OA}=\vec{a}$，$\overrightarrow{OB}=\vec{b}$，$\overrightarrow{OC}=\vec{c}$ とするとき，次の問いに答えよ。

(1) $|\overrightarrow{OA}|^2+|\overrightarrow{BC}|^2$ と $|\overrightarrow{OB}|^2+|\overrightarrow{AC}|^2$ を $\vec{a}$，$\vec{b}$，$\vec{c}$ を用いて表せ。

(2) $OA^2+BC^2=OB^2+AC^2$ が成り立つならば，AB⊥OC であることを証明せよ。

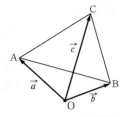

▶例題102

*227 1辺の長さが 2 の正三角形 OAB において，辺 AB を 3 等分する点を，A から近い順に M，N とする。このとき，次の問いに答えよ。

(1) 内積 $\overrightarrow{OM}\cdot\overrightarrow{ON}$ を求めよ。

(2) 線分 OM の長さを求めよ。

▶例題102

*228 △ABC において，AB=5，BC=6，CA=4 とし，内心を I とする。$\overrightarrow{AB}=\vec{b}$，$\overrightarrow{AC}=\vec{c}$ とするとき，$\overrightarrow{AI}$ を $\vec{b}$，$\vec{c}$ で表せ。

▶例題103

229 △OAB において，OA=6，OB=5，AB=4 である。辺 OA を 5：3 に内分する点を C，辺 OB を $t:(1-t)$ に内分する点を D，BC と AD の交点を H とする。$\overrightarrow{OA}=\vec{a}$，$\overrightarrow{OB}=\vec{b}$ とするとき，次の問いに答えよ。

(1) 内積 $\vec{a}\cdot\vec{b}$ の値を求めよ。

(2) $\vec{a}\perp\overrightarrow{BC}$ であることを示せ。

(3) $\vec{b}\perp\overrightarrow{AD}$ となるときの t の値を求めよ。

(4) $\vec{b}\perp\overrightarrow{AD}$ であるとき，$\overrightarrow{OH}\perp\overrightarrow{AB}$ となることを示せ。

▶例題102

230 △ABC において，外接円の中心を O，AB=6，AC=4，∠BAC=60° とする。$\overrightarrow{AB}=\vec{b}$，$\overrightarrow{AC}=\vec{c}$ として，$\overrightarrow{AO}$ を $\vec{b}$ と $\vec{c}$ で表せ。

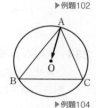

▶例題104

231 円 O に内接する △ABC の 3 辺 AB，BC，CA をそれぞれ 2：3 に内分する点を P，Q，R とする。△PQR の外心が点 O と一致するとき，△ABC はどのような三角形か。

▶例題104

232 △ABC において，AC=1，BC=k，∠C=60° とする。A から辺 BC へ下ろした垂線と B から辺 AC へ下ろした垂線の交点を F とする。また，G を △ABC の重心とする。$\overrightarrow{CA}=\vec{a}$，$\overrightarrow{CB}=\vec{b}$ とするとき，次の問いに答えよ。

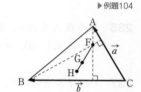

(1) $\overrightarrow{CG}$ を $\vec{a}$，$\vec{b}$ で表せ。

(2) $\overrightarrow{CF}=m\vec{a}+n\vec{b}$ とするとき，m，n の値を求めよ。

(3) 2 点 F，G を通る直線上に点 H をとり，G が線分 FH を 2：1 に内分する点となるように H を定める。このとき，$\overrightarrow{CH}$ を $\vec{a}$，$\vec{b}$ で表せ。

(4) (3)で定めた H が △ABC の外心であることを示せ。

▶例題105

《ヒント》232 (3) G が線分 FH を 2：1 に内分するから，H は線分 FG を 3：1 に外分する点である。

(4) H が △ABC の外心（外接円の中心）であることを示すには，AH=BH=CH であることを示す。

8 ベクトル方程式

基本問題

*233 2点 $A(\vec{a})$, $B(\vec{b})$ に対して，点 P の位置ベクトルが
$$\vec{p}=(1-t)\vec{a}+t\vec{b} \quad (t \text{ は実数})$$
で表されているとき，次の各場合について，点 P の
位置を図示せよ。

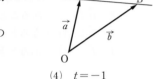

(1) $t=0$ (2) $t=\dfrac{1}{2}$ (3) $t=2$ (4) $t=-1$

▶例題107, 108

234 次の点 A を通り，方向ベクトルが $\vec{u}$ である直線の方程式を，媒介変数 t を用いて
表せ。また，t を消去した直線の方程式を求めよ。

*(1) $A(-2, -3)$, $\vec{u}=(1, 2)$ (2) $A(2, 1)$, $\vec{u}=(3, -2)$

▶例題106

235 次の 2 点 A，B を通る直線の方程式を，媒介変数 t を用いて表せ。また，t を消去
した直線の方程式を求めよ。

*(1) $A(6, 1)$, $B(-2, 3)$ (2) $A(-3, -1)$, $B(1, 2)$

▶例題106

236 次の点 A を通り，法線ベクトルが $\vec{n}$ である直線の方程式を求めよ。

*(1) $A(4, -2)$, $\vec{n}=(-1, 3)$ (2) $A(3, 5)$, $\vec{n}=(-2, -1)$

▶例題106

237 ベクトルを用いて，次の図形の方程式を求めよ。

*(1) 点 $C(3, -1)$ を中心として，半径が 2 の円

*(2) 2 点 $A(1, 4)$, $B(-3, -2)$ を直径の両端とする円

(3) 点 $C(4, 3)$ を中心として，点 $A(2, 1)$ を通る円，および点 A における接線

▶例題112

標準問題

*238 右の図において，実数 s, t が次の条件を満たしながら
変化するとき，$\overrightarrow{OP}=s\overrightarrow{OA}+t\overrightarrow{OB}$ の終点 P の存在範囲
を図示せよ。

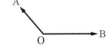

(1) $s+t=2$ (2) $s+t=3$, $s\geqq0$, $t\geqq0$

(3) $2s+t=1$ (4) $s-t=1$

▶例題111

239 右の図において，実数 s, t が次の条件を満たしながら変化するとき，$\overrightarrow{\text{OP}}=s\overrightarrow{\text{OA}}+t\overrightarrow{\text{OB}}$ の終点 P の存在範囲を図示せよ。

(1) $2s+t\leqq2$, $s\geqq0$, $t\geqq0$

(2) $1\leqq s+t\leqq2$　　　(3) $-1\leqq s\leqq1$, $-1\leqq t\leqq1$

▶例題111

240 3 点 O$(0, 0)$, A$(-5, 12)$, B$(4, 3)$ に対して，次の直線の方程式をベクトルを利用して求めよ。

(1) 線分 AB の垂直二等分線　　　(2) $\angle$AOB の二等分線

▶例題110

241 2 つの定点 A, B，動点 P の位置ベクトルをそれぞれ $\vec{a}$, $\vec{b}$, $\vec{p}$ とするとき，次のベクトル方程式を満たす点 P は，どのような図形上にあるか。
ただし，$\vec{a}\neq\vec{0}$，$\vec{b}\neq\vec{0}$ とする。

(1) $(\vec{p}-\vec{a})\cdot\vec{b}=0$　　　(2) $\vec{p}\cdot\vec{p}=2\vec{p}\cdot\vec{a}$

▶例題113

242 3 点 A$(3, 0)$, B$(0, 2)$, C$(6, 1)$ に対して，点 P が $|\overrightarrow{\text{AP}}+\overrightarrow{\text{BP}}+\overrightarrow{\text{CP}}|=6$ を満たしながら動くとき，点 P はどのような図形を描くか。

▶例題114

243 次の 2 直線のなす鋭角 θ を求めよ。

(1) $2x-y+1=0$, $x-3y+6=0$　　　(2) $2x-3y-6=0$, $x+5y-5=0$

▶例題88, 106

▶▶▶▶▶▶▶▶▶▶▶▶▶▶▶ |応|用|問|題| ◀◀◀◀◀◀◀◀◀◀◀◀◀◀◀

244 平面上に定点 A$(\vec{a})$, B$(\vec{b})$ があり，$|\vec{a}-\vec{b}|=5$, $|\vec{a}|=3$, $|\vec{b}|=6$ を満たしているとき，次の問いに答えよ。

(1) 内積 $\vec{a}\cdot\vec{b}$ を求めよ。

(2) 点 P$(\vec{p})$ に関するベクトル方程式 $|\vec{p}-\vec{a}+\vec{b}|=|2\vec{a}+\vec{b}|$ で表される円の中心の位置ベクトルと半径を求めよ。

(3) 点 P$(\vec{p})$ に関するベクトル方程式 $(\vec{p}-\vec{a})\cdot(2\vec{p}-\vec{b})=0$ で表される円の中心の位置ベクトルと半径を求めよ。

▶例題113

245 平面上に 4 点 O, A, B, C があり，$\overrightarrow{\text{CA}}+2\overrightarrow{\text{CB}}+3\overrightarrow{\text{CO}}=\vec{0}$ を満たしている。次の問いに答えよ。

(1) $\vec{a}=\overrightarrow{\text{OA}}$, $\vec{b}=\overrightarrow{\text{OB}}$ とするとき，$\overrightarrow{\text{OC}}$ を $\vec{a}$, $\vec{b}$ で表せ。

(2) 線分 OB を $1:2$ に内分する点を D とするとき，$\overrightarrow{\text{OD}}$ を $\vec{b}$ で表せ。

(3) A が O を中心とする半径 12 の円周上を動くとき，点 C の軌跡を求めよ。

(▶例題115)

9 空間座標とベクトル

基本問題

246 右の平行六面体において，次のものを求めよ。

(1) 辺 AB と平行な辺

(2) 辺 AB とねじれの位置にある辺

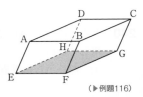

(▶例題116)

247 点 P(1, 3, 5) から，xy 平面，yz 平面，zx 平面に下ろした垂線をそれぞれ PA，PB，PC とするとき，3 点 A，B，C の座標を求めよ。

▶例題119

248 次の(1)〜(7)に関して，点 (1, 2, 3) と対称な点の座標を求めよ。

*(1) xy 平面   (2) yz 平面   (3) zx 平面   (4) x 軸

*(5) y 軸   (6) z 軸   *(7) 原点

▶例題119

249 点 A(1, −3, 2) を通り，xy 平面，yz 平面，zx 平面にそれぞれ平行な平面の方程式を求めよ。

▶例題120

250 次の 2 点間の距離を求めよ。

(1) (0, 0, 0), (−1, 2, 2)   *(2) (1, −3, 1), (−1, 2, 3)

*(3) (−1, 2, 3), (2, 2, −1)   (4) (0, 1, 0), (−2, 0, −1)

▶例題121

*251 次の点 A，B，C を頂点とする三角形は，どのような三角形か。

(1) A(0, 1, −2), B(2, 1, 0), C(2, 3, −2)

(2) A(2, 2, 4), B(5, 4, −2), C(−1, 2, 1)

(3) A(3, 2, 1), B(5, 1, 3), C(3, 4, 2)

▶例題121

*252 2 点 A(1, 2, 3), B(3, 4, 5) から等距離にある，x 軸上の点の座標を求めよ。また，z 軸上の点の座標を求めよ。

▶例題122

*253 右の直方体において，$\overrightarrow{AB}=\vec{a}$, $\overrightarrow{AD}=\vec{b}$, $\overrightarrow{AE}=\vec{c}$ とするとき，次のベクトルを $\vec{a}$, $\vec{b}$, $\vec{c}$ で表せ。

(1) $\overrightarrow{AF}$ (2) $\overrightarrow{DB}$ (3) $\overrightarrow{EC}$ (4) $\overrightarrow{BH}$

(5) $\overrightarrow{GA}$ (6) $\overrightarrow{FD}$ (7) $\overrightarrow{CM}$

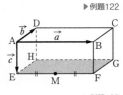

▶例題125

254 $\vec{a}=(1,\ -2,\ 1)$, $\vec{b}=(-3,\ 2,\ 1)$ のとき，次のベクトルの成分と大きさを求めよ。

    (1) $2\vec{a}$ *(2) $-3\vec{b}$ (3) $\vec{a}+\vec{b}$

    (4) $\vec{a}+3\vec{b}$ *(5) $-4\vec{a}-2\vec{b}$ *(6) $4\vec{b}-2(\vec{b}-3\vec{a})$

▶例題126

255 3点 A$(2,\ -3,\ 1)$, B$(3,\ -1,\ -1)$, C$(0,\ -1,\ 2)$ について，次のベクトルの成分と大きさを求めよ。

   *(1) $\overrightarrow{AB}$ (2) $\overrightarrow{AB}+\overrightarrow{AC}$

   *(3) $2\overrightarrow{BC}-\overrightarrow{AC}$

▶例題128

標 準 問 題

*256 2点 A$(1,\ 2,\ 0)$, B$(0,\ -2,\ 1)$ がある。zx 平面上に点 C をとって $\triangle$ABC が正三角形になるようにしたい。点 C の座標を求めよ。

▶例題122

257 $\vec{a}=(1,\ 4,\ -1)$, $\vec{b}=(1,\ -2,\ 0)$, $\vec{c}=(2,\ -2,\ 1)$ のとき，次の各ベクトルを $l\vec{a}+m\vec{b}+n\vec{c}$ の形で表せ。

   *(1) $\vec{p}=(7,\ 0,\ -1)$ (2) $\vec{q}=(3,\ 6,\ 2)$

▶例題127

258 2点 A$(-2,\ -1,\ 3)$, B$(3x,\ x-1,\ -2x-1)$ について，次の問いに答えよ。

    (1) $\overrightarrow{AB}$ の成分を求めよ。

    (2) $|\overrightarrow{AB}|$ の最小値と，そのときの点 B の座標を求めよ。

▶例題129

259 A$(1,\ -3,\ 5)$, B$(x,\ 1,\ 2)$, C$(5,\ y,\ 4)$, D$(3,\ -6,\ z)$ を頂点とする四角形 ABCD が平行四辺形であるとき，$x,\ y,\ z$ の値を求めよ。

▶例題130

*260 $\vec{p}=(x,\ 9,\ -3)$, $\vec{q}=(2,\ y,\ 1)$ に対して，次の条件が成り立つとき，$x,\ y$ の値を求めよ。

    (1) $\vec{p}\,/\!/\,\vec{q}$ (2) $(\vec{p}+\vec{q})\,/\!/\,(\vec{p}-\vec{q})$

▶例題131

*261 $\vec{a}=(2,\ -2,\ 1)$ に平行で，大きさが 2 のベクトルを求めよ。

▶例題132

≪ヒント≫**259** 四角形 ABCD が平行四辺形 ↔ $\overrightarrow{AB}=\overrightarrow{DC}$

262 次の問いに答えよ。

(1) A(1, 2, 3), B(2, 3, 1), C(3, 1, 2) とするとき，△ABC を 1 つの面とする正四面体の他の頂点 D の座標を求めよ。

(2) 4 点 A(0, 3, −1), B(2, 3, −2), C(−1, 5, 0), D(1, 2, 2) に対し，線分 AB, AC, AD を 3 辺とする平行六面体の頂点のうち，A と同じ面上にない頂点の座標を求めよ。

▶例題123

*263 四面体 OABC について，O は原点，A(4, 0, 0)，B(0, 4, 0)，C(1, 2, 3) とする。次の問いに答えよ。

(1) 四面体 OABC の体積を求めよ。

(2) 線分 AB 上の点を P とするとき，CP の最小値と，そのときの点 P の座標を求めよ。

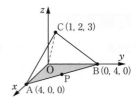

▶例題124

264 立方体 ABCD-EFGH について，次の問いに答えよ。

(1) $\overrightarrow{AC}+\overrightarrow{AF}+\overrightarrow{AH}=2\overrightarrow{AG}$ を示せ。

(2) $\overrightarrow{AG}+\overrightarrow{BH}+\overrightarrow{CE}+\overrightarrow{DF}=4\overrightarrow{AE}$ を示せ。

(3) $\overrightarrow{BH}=x\overrightarrow{AC}+y\overrightarrow{AF}+z\overrightarrow{AH}$ を満たす x, y, z の値を求めよ。

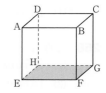

(▶例題127)

265 正四面体 ABCD において，CD の中点を M とし，A から BM に垂線を下ろし，その足を H とするとき，AH と平面 BCD は垂直であることを次の(1)，(2)の方法で示せ。

(1) ベクトルを利用する。

(2) 三垂線の定理を利用する。

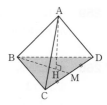

▶例題117, 144

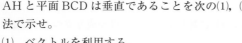

≪ヒント≫**262** (1) D(x, y, z) とおいて，AD=BD=CD=$\sqrt{6}$ から，x, y, z を求める。

263 (2) P は xy 平面上の直線 $y=-x+4$ 上だから，P(t, $-t+4$, 0) とおける。

264 (1), (2) $\overrightarrow{AB}=\vec{a}$, $\overrightarrow{AD}=\vec{b}$, $\overrightarrow{AE}=\vec{c}$ とおき，左辺，右辺を $\vec{a}$, $\vec{b}$, $\vec{c}$ で表す。

(3) $p\vec{a}+q\vec{b}+r\vec{c}=\vec{0}$ の形にすれば $p=q=r=0$

265 (2) CD と平面 ABM で考える。

10 空間ベクトルの内積

基本問題

266 1辺が1の立方体 ABCD-EFGH において
次の内積の値を求めよ。

(1) $\overrightarrow{AC} \cdot \overrightarrow{AD}$　　*(2) $\overrightarrow{AF} \cdot \overrightarrow{AD}$　　*(3) $\overrightarrow{AB} \cdot \overrightarrow{HG}$

*(4) $\overrightarrow{DB} \cdot \overrightarrow{FE}$　　*(5) $\overrightarrow{AG} \cdot \overrightarrow{HF}$　　(6) $\overrightarrow{AC} \cdot \overrightarrow{AF}$

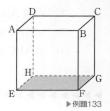

▶例題133

*267 次の2つのベクトルについて，内積の値となす角 θ を求めよ。

(1) $\vec{a} = (1, \ 0, \ 1), \ \vec{b} = (2, \ -1, \ 1)$

(2) $\vec{a} = (-2, \ 2, \ 1), \ \vec{b} = (4, \ -5, \ 3)$

(3) $\vec{a} = (2, \ -1, \ 3), \ \vec{b} = (3, \ 0, \ -2)$

▶例題134

268 $\vec{a} = (x, \ -2, \ 1), \ \vec{b} = (2, \ -2, \ 1-x)$ のとき，次の関係が成り立つように，x の値を定めよ。

*(1) $\vec{a} \perp \vec{b}$　　　　　　　　　　(2) $(\vec{a}+\vec{b}) \perp (\vec{a}-\vec{b})$

▶例題135

標準問題

269 次の条件を満たす実数 x の値を求めよ。

(1) $\vec{a} = (2, \ x, \ x-3)$ と $\vec{b} = (x+3, \ x+1, \ x^2)$ が垂直である。

*(2) $\vec{a} = (1, \ -1, \ 2)$ と $\vec{b} = (x+1, \ -5, \ x)$ のなす角が $30°$ である。

(3) 3つのベクトル $\vec{a} = (1, \ -2, \ x+1), \ \vec{b} = (x, \ -4, \ 6),$
$\vec{c} = (-2x, \ 1, \ x+4)$ が，互いに垂直である。

▶例題135, 138

270 $\vec{a} = (1, \ 2, \ -3), \ \vec{b} = (2, \ -3, \ 1)$ に対して，$\vec{x} = \vec{a} + t\vec{b}$ (t は実数) とするとき，次の問いに答えよ。

(1) $|\vec{x}|$ の最小値とそのときの $\vec{x}$ を求めよ。

(2) (1)の $\vec{x}$ を $\vec{x_0}$ とするとき，$\vec{x_0}$ と $\vec{b}$ は垂直であることを示せ。

▶例題129, 135

≪ヒント≫270 (1) $|\vec{x}|^2$ が最小となるとき，$|\vec{x}|$ も最小となる。

*271 2つのベクトル $\vec{a}=(3,\ -1,\ 0)$, $\vec{b}=(-4,\ 2,\ 1)$ に垂直な単位ベクトル $\vec{e}$ を求めよ。

▶例題136

*272 3点 A$(-1,\ 2,\ 1)$, B$(3,\ 1,\ 0)$, C$(1,\ 0,\ 2)$ があるとき, 次のものを求めよ。
(1) $\overrightarrow{AB}$, $\overrightarrow{AC}$ の成分と $|\overrightarrow{AB}|$, $|\overrightarrow{AC}|$
(2) 内積 $\overrightarrow{AB}\cdot\overrightarrow{AC}$ の値
(3) ∠BAC の大きさ
(4) △ABC の面積 S

▶例題137

▶▶▶▶▶▶▶▶▶▶▶▶▶▶▶ |応|用|問|題| ◀◀◀◀◀◀◀◀◀◀◀◀◀◀◀

273 1辺の長さ1の正四面体 ABCD がある。辺 AB の中点を M とし, 線分 CM 上に点 P をとるとき, $\overrightarrow{AP}\cdot\overrightarrow{BP}+\overrightarrow{CP}\cdot\overrightarrow{DP}$ の最小値を求めよ。

(▶例題133, 144)

274 正四面体 ABCD の辺 AB, CD の中点をそれぞれ M, N とし, 線分 MN の中点を G, ∠AGB を θ とする。このとき, $\cos\theta$ の値を求めよ。

(▶例題134, 144)

275 $a^2+b^2+c^2=1$, $x^2+y^2+z^2=2$ のとき, $-\sqrt{2}\leqq ax+by+cz\leqq\sqrt{2}$ であることを証明せよ。

▶例題140

276 右の図のような AB$=3$, AD$=\sqrt{2}$, AE$=1$ である直方体 ABCD-EFGH において, $\overrightarrow{AB}=\vec{a}$, $\overrightarrow{AD}=\vec{b}$, $\overrightarrow{AE}=\vec{c}$ とする。次の問いに答えよ。

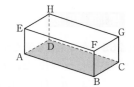

(1) ベクトル $\overrightarrow{AG}$, $\overrightarrow{BH}$ をそれぞれ $\vec{a}$, $\vec{b}$, $\vec{c}$ を用いて表せ。
(2) ベクトル $\overrightarrow{AG}$ と $\overrightarrow{BH}$ の内積の値を求めよ。
(3) ベクトル $\overrightarrow{AG}$ と $\overrightarrow{BH}$ のなす角 θ を求めよ。

▶例題133, 134

277 3つの空間ベクトル $\vec{a}$, $\vec{b}$, $\vec{c}$ の大きさは $|\vec{a}|=1$, $|\vec{b}|=\sqrt{2}$, $|\vec{c}|=\sqrt{3}$ で, $\vec{a}$ と $\vec{b}$, $\vec{a}$ と $\vec{c}$, $\vec{b}$ と $\vec{c}$ のなす角はそれぞれ 90°, 60°, 45° である。次の問いに答えよ。
(1) ベクトル $x\vec{a}+y\vec{b}+\vec{c}$ の大きさ l を求めよ。
(2) l を最小にする x, y とその最小値を求めよ。

(▶例題134, 139)

- -

≪ヒント≫271 $\vec{e}=(x,\ y,\ z)$ とおいて, $\vec{a}\cdot\vec{e}=0$, $\vec{b}\cdot\vec{e}=0$, $|\vec{e}|=1$ から求める。

276 (3) $\cos\theta=\dfrac{\overrightarrow{AG}\cdot\overrightarrow{BH}}{|\overrightarrow{AG}||\overrightarrow{BH}|}$ から θ を求める。

277 (1) $l^2=|x\vec{a}+y\vec{b}+\vec{c}|^2$ を計算する。

11 空間ベクトルの応用

基本問題

*278 次の 2 点を結ぶ線分 AB の中点，および 3：2 に内分，外分する点の座標を求めよ。

(1) A(1, 2, 3)，B(6, 7, −2)　　　　(2) A(2, 5, −1)，B(−3, 0, 4)

▶例題141

279 3 点 A(1, 4, −3)，B(2, −5, 1)，C(3, −2, 2) に対して，次の点の座標を求めよ。

　*(1) △ABC の重心 G　　(2) △ABD の重心が C であるときの頂点 D

▶例題141

280 点 A(3, −2, 1) に関して，点 B(1, 2, 3) と対称な点 C の座標を求めよ。

▶例題141

*281 空間における 3 点 A，B，C の位置ベクトルをそれぞれ $\vec{a}$，$\vec{b}$，$\vec{c}$ とするとき，次のベクトルを $\vec{a}$，$\vec{b}$，$\vec{c}$ で表せ。

(1) $\overrightarrow{AB}$，$\overrightarrow{BC}$

(2) 線分 AB を 1：2 に内分する点の位置ベクトル $\vec{p}$

(3) 線分 AB を 2：5 に外分する点の位置ベクトル $\vec{q}$

(4) △ABC の重心の位置ベクトル $\vec{g}$

▶例題141

*282 右の直方体において，辺 AD を 1：2 に内分する点を P，辺 FH を 2：1 に内分する点を Q，△PQC の重心を G とする。$\overrightarrow{AB}=\vec{a}$，$\overrightarrow{AD}=\vec{b}$，$\overrightarrow{AE}=\vec{c}$ として，次のベクトルを $\vec{a}$，$\vec{b}$，$\vec{c}$ で表せ。

(1) $\overrightarrow{PC}$　　(2) $\overrightarrow{AQ}$　　(3) $\overrightarrow{PQ}$　　(4) $\overrightarrow{AG}$

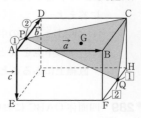

（▶例題141）

*283 次の条件を満たす球面の方程式を求めよ。

(1) 中心が (2, −1, 5)，半径が 3 の球面

(2) 点 (1, −2, 3) を中心とし，点 (3, 0, 2) を通る球面

(3) 2 点 A(−2, 1, 3)，B(4, −5, 7) を直径の両端とする球面

(4) 点 (6, 3, 3) を通り，3 つの座標平面に接する球面

▶例題151

- -

≪ヒント≫**280** 点 C(x, y, z) とする。点 A は線分 BC の中点である。
　　　　283 (4) 3 つの座標平面に接する球面の方程式は，$(x-r)^2+(y-r)^2+(z-r)^2=r^2$

284 四面体 ABCD において，次の等式が成り立つかどうか調べよ。

$$\overrightarrow{AB}+\overrightarrow{DC}=\overrightarrow{AC}+\overrightarrow{DB}=\overrightarrow{AD}+\overrightarrow{BC}$$

▶例題142

*285 四面体 ABCD において，辺 AB, CB, CD, AD を 2：1 に内分する点をそれぞれ P，Q，R，S とするとき，四角形 PQRS は平行四辺形であることを，位置ベクトルを用いて証明せよ。

▶例題142，143

286 点 A が x 軸上の点で，点 B が yz 平面上の点であり，線分 AB を 3：1 に外分する点が C(-1, 6, -3) であるとき，2 点 A，B の座標を求めよ。

▶例題141

*287 四面体 ABCD において，辺 AB, CD の中点をそれぞれ M，N とするとき，次のことを証明せよ。

$$\overrightarrow{AC}+\overrightarrow{AD}+\overrightarrow{BC}+\overrightarrow{BD}=4\overrightarrow{MN}$$

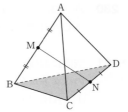

▶例題142

288 四面体 ABCD の辺 AB, CB, CD, AD を 1：2 に内分する点をそれぞれ K，L，M，N とし，辺 AC, BD の中点をそれぞれ P，Q とするとき，次の問いに答えよ。

(1) KM と LN の中点が一致することを示せ。

(2) (1)の中点を R とするとき，3 点 P，Q，R は一直線上にあることを示せ。

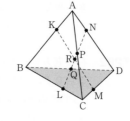

▶例題142，143

*289 四面体 OABC において，$\overrightarrow{OA}=\vec{a}$, $\overrightarrow{OB}=\vec{b}$, $\overrightarrow{OC}=\vec{c}$ とする。辺 AB を 1：2 に内分する点を L，辺 OC の中点を M，線分 LM を 2：3 に内分する点を N，△OBC の重心を G とするとき，次の問いに答えよ。

(1) $\overrightarrow{ON}$, $\overrightarrow{OG}$ を $\vec{a}$, $\vec{b}$, $\vec{c}$ で表せ。

(2) 3 点 A，N，G は一直線上にあることを示せ。

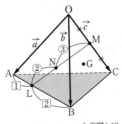

▶例題143

≪ヒント≫**286** 点 A(a, 0, 0), B(0, b, c)とおける。

288 点 A を基準とする点 B, C, D の位置ベクトルをそれぞれ $\vec{b}$, $\vec{c}$, $\vec{d}$ とする。

290 平行六面体 OABC-DEFG において，辺 AB を 3 : 1 の比に内分する点を L とし，辺 BC，DG の中点をそれぞれ M，N とする。$\overrightarrow{OA}=\vec{a}$，$\overrightarrow{OC}=\vec{c}$，$\overrightarrow{OD}=\vec{d}$ とおくとき，次の問いに答えよ。

(1) 線分 EM を $t : (1-t)$ の比に分ける点を I とするとき，$\overrightarrow{OI}$ を $\vec{a}$，$\vec{c}$，$\vec{d}$ を用いて表せ。

(2) 線分 LN を $s : (1-s)$ の比に分ける点を J とするとき，$\overrightarrow{OJ}$ を $\vec{a}$，$\vec{c}$，$\vec{d}$ を用いて表せ。

(3) 線分 EM と線分 LN とが交わることを示し，その交点を H とするとき，比 EH : HM を求めよ。

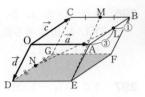

▶例題142, 144

*291 直方体 ABCD-EFGH において，$\overrightarrow{AB}=\vec{a}$，$\overrightarrow{AD}=\vec{b}$，$\overrightarrow{AE}=\vec{c}$ とし，次の問いに答えよ。

(1) △BDE の重心を M とするとき，$\overrightarrow{AM}$ を $\vec{a}$，$\vec{b}$，$\vec{c}$ で表せ。

(2) 対角線 AG は重心 M を通ることを示せ。また，比 AM : MG を求めよ。

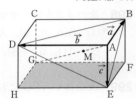

▶例題143

*292 右の図のように，2 点 A，B を通る直線 l がある。次の問いに答えよ。

(1) $\overrightarrow{OA}=\vec{a}$，$\overrightarrow{OB}=\vec{b}$ とおくとき，l 上の点を P として，$\overrightarrow{OP}$ を実数 t と $\vec{a}$，$\vec{b}$ を用いて表せ。

(2) A(1, 1, 2)，B(-1, 2, 1) のとき，直線 l と zx 平面との交点の座標を求めよ。

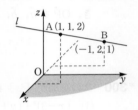

▶例題145

*293 1 辺の長さ 1 の正四面体 OABC で，辺 OA，BC の中点をそれぞれ M，N，辺 AB を 2 : 1 に内分する点を P とするとき，次の問いに答えよ。

(1) 内積 $\overrightarrow{OP}\cdot\overrightarrow{ON}$ の値を求めよ。　　(2) $\overrightarrow{MN}$ の大きさを求めよ。

▶例題144

294 2 点 A(0, 7, 1)，B(1, 4, 0) を通る直線に，原点 O から垂線 OH を引く。このとき，点 H の座標を求めよ。

▶例題145

≪ヒント≫**290** (3) 線分 EM と線分 LN とが交わる→$\overrightarrow{OI}$ と $\overrightarrow{OJ}$ が一致。
　　291 (2) 対角線 AG は重心 M を通る→3 点 A，M，G は一直線上。

*295 四面体 ABCD において，△BCD の重心を G とするとき，等式
$2\overrightarrow{AP}=\overrightarrow{PB}+\overrightarrow{PC}+\overrightarrow{PD}$ を満たす点 P は，直線 AG 上にあることを示せ。

▶例題143

296 2 点 A(-2, 1, 2)，B(-1, 2, 2) を通る直線を l，2 点 C(0, 1, 1)，D(1, 2, 0) を通る直線を m とする。l 上の点 P と m 上の点 Q との距離 PQ の最小値を求めよ。

▶例題145

297 2 点 A(1, -2, 2)，B(4, 7, 4) がある。xy 平面上の点で AP+BP の最小値と最小にする点 P の座標を求めよ。

▶例題119, 122, 145

298 次の 4 点が同一平面上にあるとき，x の値を求めよ。
　*(1)　O(0, 0, 0)，A(3, 2, 1)，B(1, -1, 2)，C(x, 1, 8)
　(2)　A(1, 0, -6)，B(2, 4, -3)，C(3, 1, -2)，D(6, -1, x)

▶例題146

*299 四面体 OABC において，$\overrightarrow{OA}=\vec{a}$，$\overrightarrow{OB}=\vec{b}$，$\overrightarrow{OC}=\vec{c}$ とする。△OAB の重心を G とし，線分 GC の中点を M とする。直線 OM と △ABC の交点を P とするとき，$\overrightarrow{OP}$ を $\vec{a}$，$\vec{b}$，$\vec{c}$ で表せ。

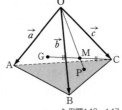

▶例題143, 147

*300 次の球面が ［　］内の平面と交わった部分の図形はどのような図形か。
　(1)　$(x-3)^2+(y+2)^2+(z-4)^2=25$　［xy 平面］
　(2)　$x^2+y^2+z^2+6x-4y-12z+29=0$　［yz 平面］

▶例題152

≪ヒント≫**297**　点 B の xy 平面に関する対称な点を B′ とすると，直線 AB′ と xy 平面との交点が点 P になる。
　299　$\overrightarrow{OM}$ を $\vec{a}$，$\vec{b}$，$\vec{c}$ で表す。$\overrightarrow{OP}=k\overrightarrow{OM}$ と表せて，点 P は平面 ABC 上の点。
　300　(2) yz 平面上では $x=0$ である。

301 右の図のような，1辺の長さ2の立方体
ABCD-EFGH の辺 BC の中点を P とし，辺 CG
上の点を R とする。次の問いに答えよ。

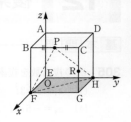

(1) この立方体を3点 P，F，H を通る平面で
切ったとき，切り口の図形はどんな形か。

(2) 平面 PFH と直線 AR が垂直となるとき，
点 R の座標を求めよ。

▶例題149

302 四面体 OABC において，辺 OB，OC の中点をそ
れぞれ P，Q とし，△ABC の重心を G とする。
$\overrightarrow{OA}=\vec{a}$，$\overrightarrow{OB}=\vec{b}$，$\overrightarrow{OC}=\vec{c}$ として，次の問いに答
えよ。

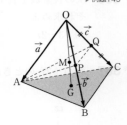

(1) △APQ の周と内部にある点 R の位置ベクト
ル $\overrightarrow{OR}$ を $\vec{a}$，$\vec{b}$，$\vec{c}$ で表せ。

(2) 平面 APQ と線分 OG の交点を M とすると
き，$\overrightarrow{OM}$ を $\vec{a}$，$\vec{b}$，$\vec{c}$ で表せ。

▶例題146, 147

303 1辺の長さが1である正四面体 OABC の4辺 OA，AB，BC，CO の中点をそれ
ぞれ P，Q，R，S とする。次の問いに答えよ。

(1) $\overrightarrow{OA}=\vec{a}$，$\overrightarrow{OB}=\vec{b}$，$\overrightarrow{OC}=\vec{c}$ とする。このとき，$\overrightarrow{PQ}$，$\overrightarrow{PR}$，$\overrightarrow{PS}$ を，それぞれ $\vec{a}$，
$\vec{b}$，$\vec{c}$ を用いて表せ。

(2) 4点 P，Q，R，S は同一平面上にあることを示せ。

(3) 四角形 PQRS は正方形であることを示せ。

▶例題146, 150

304 次の条件を満たす球面の方程式を求めよ。

(1) 4点 O(0, 0, 0)，P(2, 0, 0)，Q(4, 4, 0)，R(6, 6, 6) を通る球面

(2) 中心の座標が $(-2, 4, 3)$ で，xy 平面と交わった部分が半径 $\sqrt{6}$ の円である
ような球面

(3) 点 $(1, 1, -3)$ を通り，yz 平面と交わった部分が中心 $(3, -1)$，半径3の円
であるような球面

▶例題151, 152

≪ヒント≫**301** (2) AR は，平面 PFH 上の交わる2直線と垂直ならば，平面 PFH と垂直。
　　　　302 (1) $\overrightarrow{AR}=s\overrightarrow{AP}+t\overrightarrow{AQ}$ $(s\geqq0,\ t\geqq0,\ s+t\leqq1)$ と表せる。

12 複素数平面と図形

基 本 問 題 ●

305 次の複素数を複素数平面上に図示せよ。

(1) $z_1 = 2 + 3i$　　　　(2) $z_2 = 3 - 4i$　　　　(3) $z_3 = -2 + 4i$

(4) $z_4 = -5 - i$　　　　(5) $z_5 = 4$　　　　(6) $z_6 = -2i$

▶例題153

306 次の複素数を表す点と，実軸，虚軸，原点に関して対称な点を表す複素数をそれぞれ求めよ。

(1) $3 - 2i$　　　　　　　　　　(2) $-2 - 4i$

▶例題153

*307 $z = 1 + 2i$ のとき，次の複素数が表す点を複素数平面上に図示せよ。

(1) z　　　　　　(2) $\bar{z}$　　　　　　(3) $-z$

(4) iz　　　　　　(5) $i\bar{z}$　　　　　　(6) $2z$

(7) $\dfrac{1}{2}z$　　　　(8) $\dfrac{z + \bar{z}}{2}$　　　(9) $\dfrac{z - \bar{z}}{2}$

▶例題154，155

308 $z_1 = 2 + i$，$z_2 = -1 + 2i$ について，次の複素数が表す点を複素数平面上に図示せよ。

(1) $z_1 + z_2$　　　(2) $z_1 - z_2$　　　(3) $z_1 z_2$　　　(4) $\dfrac{z_1}{z_2}$

▶例題155

309 次の複素数の絶対値を求めよ。

*(1) $-4 + 3i$　　　　(2) $1 + 7i$　　　　(3) $5 - \sqrt{7}\,i$

*(4) $(\sqrt{3} + 1) + (\sqrt{3} - 1)i$　　　(5) $(2 - \sqrt{6}) - 2i$

▶例題156

*310 次の2点間の距離を求めよ。

(1) 原点 O，A$(6 + 3i)$　　　　　　(2) A$(-1 - 2i)$，B$(2 - 2i)$

(3) A$(5 - 7i)$，B$(-3 - i)$　　　　(4) A$(5 + 8i)$，B$(6i)$

▶例題157

*311 複素数平面上で，点 $z = a + 5i$ を $\alpha = -2 + bi$ だけ平行移動した点が $w = -1 + 3i$ であるとき，実数 a，b の値を求めよ。

▶例題158

312 複素数平面上の点 z を $\alpha=2-i$ だけ平行移動した点を w とする。
$|z|=\sqrt{10}$, $|w|=\sqrt{5}$ のとき, 点 z を求めよ。

▶例題158

***313** 複素数 α, z について, 複素数平面上で点 αz は点 α を虚軸方向に i だけ移動した点になり, 点 $\dfrac{\alpha}{z}$ は点 α を実軸の負の方向に 1 だけ移動した点になる。このような α と z を求めよ。

▶例題158

***314** $z=a+bi$ とするとき, 次の式を z と $\bar{z}$ を用いて表せ。
(1) a (2) b (3) $a-b$ (4) a^2-b^2

▶例題159

***315** 複素数 α, z について, $|1+2\alpha z|=|z+2\bar{\alpha}|$ であるとき, $|z|=\boxed{}$ または $|\alpha|=\boxed{}$ である。

▶例題160

316 次の(1), (2)が成り立つことを示せ。
(1) $|z+2|=|z+2i|$ のとき, $z=i\bar{z}$ である。
(2) 複素数 α, β が $|\alpha|<1$, $|\beta|<1$ であるとき, $|\alpha-\beta|<|1-\bar{\alpha}\beta|$ である。

▶例題160

▶▶▶▶▶▶▶▶▶▶▶▶▶▶▶▶ |応|用|問|題| ◀◀◀◀◀◀◀◀◀◀◀◀◀◀◀◀

317 複素数 z について, 次のことを示せ。
(1) $z^3+(\bar{z})^3$ は実数である。
(2) z^3 が実数でないとき, $z^3-(\bar{z})^3$ は純虚数である。

▶例題159

318 (1) 複素数 α, β について, $|\alpha|=|\beta|=3$, $\alpha+\beta+2=0$ であるとき, $\alpha\beta$, $\alpha^3+\beta^3$ の値を求めよ。
(2) $|\alpha|=|\beta|=|\alpha+\beta|$, $\alpha-\beta=1$ を満たす複素数 α, β を求めよ。

(▶例題159, 160)

319 $|z|=|w|=1$, $zw\neq 1$ を満たす複素数 z, w に対して, $\dfrac{z-w}{1-zw}$ は実数であることを証明せよ。

(▶例題159)

320 $|z|=1$ で, $\dfrac{z+1}{z^2}$ が実数であるような複素数 z を求めよ。

(▶例題159)

13 複素数の極形式

321 次の複素数の絶対値と偏角 θ $(0 \leqq \theta < 2\pi)$ を求め，極形式で表せ。　▶例題161

(1) $z = -1 + i$　　　*(2) $z = \sqrt{3} - i$　　　(3) $z = -\sqrt{2} + \sqrt{2}\,i$

*(4) $z = -\dfrac{3}{2} - \dfrac{\sqrt{3}}{2}i$　　(5) $z = -2$　　　*(6) $z = -3i$

322 $z_1 = -\sqrt{3} + i$, $z_2 = \dfrac{1}{2} + \dfrac{\sqrt{3}}{2}i$ とする。次の複素数の絶対値と偏角を求め，極形式で表せ。　▶例題164

(1) $2z_1$　　　　(2) iz_2　　　　(3) $z_1 z_2$　　　　(4) $\dfrac{z_2}{z_1}$

*323 次の複素数で表される点は，点 z をどのように移動したものか。　▶例題165

(1) zi　　　(2) $(-1 + \sqrt{3}\,i)z$　　　(3) $i\bar{z}$　　　(4) $\dfrac{z}{1-i}$

*324 $z_1 = 1 + \sqrt{3}\,i$, $z_2 = 1 + i$ のとき，次の問いに答えよ。　▶例題164

(1) $\dfrac{z_1}{z_2}$ を極形式で表せ。　　　(2) $\dfrac{z_1}{z_2} = a + bi$ の形で表せ。

(3) (1)と(2)の実数部分と虚数部分を比較することによって，$\cos\dfrac{\pi}{12}$, $\sin\dfrac{\pi}{12}$ の値を求めよ。

325 $\theta = \dfrac{\pi}{10}$ のとき，$\dfrac{(\cos 7\theta + i\sin 7\theta)\{\cos(-4\theta) + i\sin(-4\theta)\}}{\cos 2\theta - i\sin 2\theta}$ の値を求めよ。

▶例題166

326 次の複素数を極形式で表せ。ただし，$0 < \theta < \dfrac{\pi}{2}$ とする。　▶例題163

(1) $z = -\cos(\pi - \theta) + i\sin(\pi - \theta)$　　*(2) $z = \sin\theta + i\cos\theta$

▶▶▶▶▶▶▶▶▶▶▶▶▶▶▶ 応用問題 ◀◀◀◀◀◀◀◀◀◀◀◀◀◀◀

327 $z_1 = 2 - \sqrt{3}\,a + ai$ と $z_2 = \sqrt{3}\,b - 1 + (\sqrt{3} - b)i$ との絶対値が等しく，$\dfrac{z_2}{z_1}$ の偏角が $\dfrac{\pi}{2}$ となるように実数 a, b の値を定めよ。　▶例題161, 164

*328 複素数 $z = r(\cos\theta + i\sin\theta)$, $r > 0$, $0 \leqq \theta < 2\pi$ に対して，$z + \dfrac{1}{z}$ が負の実数になるための r, θ の条件を求めよ。　▶例題167

14 ド・モアブルの定理

数学C編

基 本 問 題

329 次の式の値を求めよ。

*(1) $\left(\cos\dfrac{\pi}{3}+i\sin\dfrac{\pi}{3}\right)^4$

(2) $\left(\cos\dfrac{\pi}{12}+i\sin\dfrac{\pi}{12}\right)^{10}$

(3) $\left\{\cos\left(-\dfrac{\pi}{6}\right)+i\sin\left(-\dfrac{\pi}{6}\right)\right\}^6$

*(4) $\dfrac{1}{\left(\cos\dfrac{\pi}{8}+i\sin\dfrac{\pi}{8}\right)^6}$

▶例題168

330 次の式の値を求めよ。

*(1) $(-1+i)^{12}$

(2) $(\sqrt{3}-i)^8$

*(3) $\left(\dfrac{1+\sqrt{3}\,i}{1-i}\right)^6$

(4) $\left(\dfrac{3+\sqrt{3}\,i}{\sqrt{3}+3i}\right)^9$

▶例題168

331 極形式を利用して，次の式の値を求めよ。

(1) $\left(\dfrac{1+\sqrt{3}\,i}{2}\right)^{30}+\left(\dfrac{1-\sqrt{3}\,i}{2}\right)^{30}$

(2) $\left(\dfrac{1+i}{\sqrt{2}}\right)^{20}+\left(\dfrac{1-i}{\sqrt{2}}\right)^{20}$

▶例題168，169

*332 $z+\dfrac{1}{z}=\sqrt{2}$ のとき，次の問いに答えよ。

(1) z の値を求め，極形式で表せ。　　(2) $z^{15}+\dfrac{1}{z^{15}}$ の値を求めよ。

▶例題168，169

333 次の方程式を解け。また，解を下の図に図示せよ。

*(1) $z^3=i$ 　　　　　(2) $z^4=-1$ 　　　　　(3) $z^6=-1$

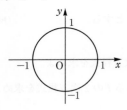 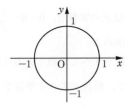 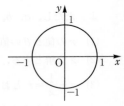

▶例題171

334 次の方程式を解け。

(1) $z^2=1+\sqrt{3}\,i$

*(2) $z^4=-2-2\sqrt{3}\,i$

(3) $z^3=-2+2i$

▶例題171

第2章　複素数平面｜**55**

数学C編

335 ド・モアブルの定理を用いて，次の公式を証明せよ。 (▶例題168)

(1) $\cos 2\theta = \cos^2\theta - \sin^2\theta$, $\sin 2\theta = 2\sin\theta\cos\theta$ （2倍角の公式）

*(2) $\cos 3\theta = 4\cos^3\theta - 3\cos\theta$, $\sin 3\theta = 3\sin\theta - 4\sin^3\theta$ （3倍角の公式）

*336 次の(1), (2)に答えよ。 (▶例題170)

(1) $w = \cos\dfrac{2}{5}\pi + i\sin\dfrac{2}{5}\pi$ のとき，$1 + w + w^2 + w^3 + w^4$ の値を求めよ。

(2) $\alpha = \dfrac{1}{2} + \dfrac{\sqrt{3}}{2}i$ のとき，$1 + \alpha + \alpha^2 + \alpha^3 + \alpha^4 + \alpha^5$ の値を求めよ。

337 2つの方程式 $z_1 z_2 = -1$, $\dfrac{z_1^2}{z_2} = i$ を同時に満たす複素数 z_1, z_2 を求めよ。

(▶例題171)

*338 $(1+i)^n = (1-i)^n$ が成り立つのは，n が4の倍数のときであることを示せ。

▶例題169, 170

339 $z_n = \left(\dfrac{\sqrt{3}+1}{2} + \dfrac{\sqrt{3}-1}{2}i\right)^n$ を実数とするような最小の自然数 n と，そのときの z_n の値を求めよ。 ▶例題169

▶▶▶▶▶▶▶▶▶▶▶▶▶▶▶ 応用問題 ◀◀◀◀◀◀◀◀◀◀◀◀◀◀◀

*340 $\alpha + \dfrac{1}{\alpha} = 1$ のとき，次の問いに答えよ。 ▶例題161, 170

(1) 複素数 α を極形式で表せ。

(2) $\alpha^n + \dfrac{1}{\alpha^n}$ は ± 1, ± 2 以外の値をとらないことを示せ。ただし，n は正の整数とする。

341 複素数 $z = a + bi = r(\cos\theta + i\sin\theta)$ が $z^5 = 1$ を満たすとき，次の問いに答えよ。ただし，a, b, r は正の実数で，$0 < \theta < \dfrac{\pi}{2}$ とする。 (▶例題168)

(1) r の値と θ の値を求めよ。

(2) z を解とする，係数がすべて整数である4次方程式を求めよ。

(3) $z + \dfrac{1}{z} = t$ とおいて，係数がすべて整数である t の2次方程式を求めよ。

(4) a の値を求めよ。

≪ヒント≫**339** まず，（ ）内を2乗して極形式で表す。

341 (2) $z^5 = 1$ を因数分解する。

(3) (2)の4次方程式の両辺を z^2 で割り，$z^2 + \dfrac{1}{z^2} = \left(z + \dfrac{1}{z}\right)^2 - 2$ を利用。

15 複素数の図形への応用

基本問題

342 複素数平面上の 2 点 $A(6-2i)$, $B(2+4i)$ について, 次の各点を表す複素数を求めよ。　　　　　　　　　　　　　　　　　　　　　　　　　　▶例題172

(1) 線分 AB の中点 M 　　　　　　(2) 線分 AB を $3:1$ に内分する点 C

(3) 線分 AB を $3:1$ に外分する点 D 　　(4) 点 A に関して点 B と対称な点 E

*343 複素数平面上に, 2 点 $A(3-2i)$, $C(1+3i)$ がある。平行四辺形 OABC をつくるとき, 点 B を表す複素数を求めよ。　　　　　　　　　　　　　　▶例題173

344 複素数平面上で, 次の等式を満たす点 z は, どのような図形か。　　▶例題174

(1) $|z-i|=2$ 　　　　　　　　　*(2) $|z+1-2i|=1$

*(3) $|2z+1|=1$ 　　　　　　　　(4) $|3z-2-i|=3$

345 複素数平面上で, 次の等式を満たす点 z は, どのような図形か。　　▶例題175

*(1) $|z-2|=|z-2i|$ 　　　　　　(2) $|z+1|=|z-2+i|$

346 複素数平面上で, 点 z が $|z|=1$ を満たしながら動くとき, 次の式を満たす複素数 w は, どのような図形を描くか。　　　　　　　　　　　　　　▶例題177

(1) $w=z-i$ 　　　　(2) $w=3z+1$ 　　　　*(3) $w=\dfrac{1}{2}z-1+2i$

*347 3 点 $A(-1-2i)$, $B(3)$, $C(x+i)$ がある。次の問いに答えよ。ただし, x は実数とする。　　　　　　　　　　　　　　　　　　　　　　　　　　▶例題181

(1) 3 点 A, B, C が一直線上にあるように, x の値を定めよ。

(2) 点 C が線分 AB を直径とする円周上にあるように, x の値を定めよ。

348 3 点 $A(\alpha)$, $B(\beta)$, $C(\gamma)$ が, 次のように与えられているとき, $\angle BAC$ の大きさを求めよ。　　　　　　　　　　　　　　　　　　　　　　　　　▶例題180

*(1) $\alpha=-2+i$, $\beta=1+2i$, $\gamma=-1+3i$

(2) $\alpha=1+i$, $\beta=4+(1+\sqrt{3})i$, $\gamma=(1-\sqrt{3})+2i$

*349 複素数平面上に正方形 OABC がある。点 A を表す複素数が $2+3i$ であるとき, 頂点 B, C を表す複素数を求めよ。ただし, B は第 2 象限にあるものとする。

▶例題182

350 複素数平面上で，次の等式を満たす点 z は，どのような図形か。　　　　▶例題176

　*(1)　$|z-4|=2|z-1|$　　　　　　　　　(2)　$|\bar{z}+2-i|=\sqrt{2}|z|$

351 複素数平面上で，点 z が $|z|=1$ を満たしながら動くとき，次の式を満たす複素数 w は，どのような図形を描くか。　　　　▶例題177

　*(1)　$w=\dfrac{z+1}{z-1}$　　　　　　　　　(2)　$w=\dfrac{2i}{z+1}$

　*(3)　$w=\dfrac{iz}{z+2}$　　　　　　　　　(4)　$w=\dfrac{6(z+i)}{2z-1}$

*352 複素数平面上で，$z+\dfrac{4}{z}$ が実数となるような点 z の軌跡を求めよ。　　　　▶例題178

*353 複素数平面上で，次の不等式を満たす点 z の表す領域を図示せよ。　　　　▶例題179

　(1)　$|z-1-i|\leqq1$　　　　　　　　　(2)　$1<|z|<2$

354 複素数平面上で，複素数 z，$\dfrac{1}{z}$ が表す 2 点をそれぞれ P，Q とするとき，OP⊥OQ であるならば，点 P はどのような図形上にあるか。　　　　（▶例題182）

355 複素数平面上の 3 点 A(-1)，B(iz)，C(z^2) について，A，B，C が同一直線上にあるための必要十分条件を求めよ。　　　　▶例題181

*356 2 点 A$(2+5i)$，B$(4+i)$ について，点 B を点 A を中心として $\dfrac{2}{3}\pi$ 回転させた点を C とする。このとき，点 C を表す複素数を求めよ。　　　　▶例題183

*357 複素数平面上に 3 点 A(z_1)，B(z_2)，C(z_3) があり，$z_1=2+2i$，$z_2=(2-\sqrt{3})+i$，$z_3=1+(2+\sqrt{3})i$ である。次の問いに答えよ。　　　　▶例題184

　(1)　$\dfrac{z_2-z_1}{z_3-z_1}$ を求めよ。　　　　　　(2)　$\arg\dfrac{z_2-z_1}{z_3-z_1}$ を求めよ。

　(3)　△ABC はどのような三角形か。

*358 複素数平面上で複素数 α，β が表す点をそれぞれ A，B とする。△OAB が次の関係を満たすとき，△OAB の形状を求めよ。　　　　▶例題185

　(1)　$\alpha^2-\sqrt{2}\,\alpha\beta+\beta^2=0$　　　　　　(2)　$\alpha^2-2\alpha\beta+4\beta^2=0$

*359 複素数平面上の 3 点 A(α)，B(β)，C(γ) があり，α，β，γ が関係式 $\alpha+2\beta i=\beta+2\gamma i$ を満たしているとき，△ABC はどのような三角形か。　　　　▶例題186

360 複素数平面上で，複素数 z を表す点が虚軸上を動くとき，$w = \dfrac{z+1}{z-2}$ で表される点 w はどのような図形を描くか。

▶例題177

*361 複素数 z と実数 t の間に $z = \dfrac{1}{t+i}$ の関係がある。t がすべての実数値をとって変わるとき，z は複素数平面上でどのような図形を描くか。

▶例題178

362 複素数平面上で，点 z が $|z-1| \leqq 1$ を満たしながら動くとき，$w = 2iz$ で定められる点 w の存在範囲を図示せよ。

▶例題179，187

363 複素数 z が次の式を同時に満たすとき，点 z の存在範囲を複素数平面上に図示せよ。

(1) $|z| < 2,\ |z-2| < |z-i|$　　　　(2) $|z| \leqq 1,\ z + \bar{z} = 1$

▶例題179

*364 点 z が原点を中心とする半径 1 の円周上を動く。このとき，次の問いに答えよ。

(1) $|z-2|$ の最大値と最小値を求めよ。

(2) $z-2$ の偏角 θ の値の範囲を求めよ。ただし，$0 \leqq \theta < 2\pi$ とする。

▶例題188

*365 $z(\bar{z}-1)$ の偏角が $\dfrac{\pi}{4}$ であるとき，複素数平面上で z はどのような図形を描くか。

▶例題189

366 複素数 z が $|z|^2 - (1+i)z - (1-i)\bar{z} = -1$ を満たすとき，$z + (1+\sqrt{3})i$ の偏角 θ $(0 \leqq \theta < 2\pi)$ の最小値を求めよ。

(▶例題188，189)

367 $z_1 = 2+2i$，$z_2 = -1+3i$ とし，複素数平面上において，P(z_1)，Q(z_2) とする。また，原点を O とし，直線 OQ に関し点 P と対称な点を R(z_3) とおく。次の問いに答えよ。

(1) $\angle POQ = \theta\ (0 \leqq \theta < 2\pi)$ とおくとき，$\cos\theta + i\sin\theta$ を求めよ。

(2) z_3 を求めよ。

(3) 点 S(z) が直線 PR 上を動くとき，$\left|\dfrac{5}{2}z - 5\right|$ の最小値を求めよ。

(▶例題157，161，162)

≪ヒント≫367 (3) 直線 PR 上の z は，t を実数として $z = (1-t)z_1 + tz_3$ と表せる。

16 放物線

基本問題

368 次の焦点，準線をもつ放物線の方程式を求めよ。

*(1) 焦点 $F(2, 0)$，準線 $x=-2$

(2) 焦点 $F\left(-\dfrac{1}{4}, 0\right)$，準線 $x=\dfrac{1}{4}$

▶例題191

369 次の放物線の焦点の座標と準線の方程式を求め，その概形をかけ。

*(1) $y^2=4x$ *(2) $y^2=-8x$ (3) $x=2y^2$

▶例題191

370 次の焦点，準線をもつ放物線の方程式を求めよ。

*(1) 焦点 $F\left(0, \dfrac{1}{2}\right)$，準線 $y=-\dfrac{1}{2}$

(2) 焦点 $F(0, -1)$，準線 $y=1$

▶例題192

371 次の放物線の焦点の座標と準線の方程式を求め，その概形をかけ。

(1) $x^2=y$ *(2) $x^2=-2y$ (3) $y=\dfrac{2}{3}x^2$

▶例題192

372 次の条件を満たす放物線の方程式を求めよ。

(1) 頂点が原点で，準線が $x=1$ (2) 頂点が原点で，焦点が $\left(0, \dfrac{1}{2}\right)$

▶例題191

標準問題

*373 直線 $l: y=-1$ と点 $F(0, 1)$ があり，l と F から等距離にある点の軌跡が，放物線 $y=\dfrac{1}{4}x^2$ となることを示せ。

▶例題190

374 a を正の定数とする。放物線 $C: y=ax^2+\dfrac{1}{4a}$ 上の任意の点 P と $A\left(0, \dfrac{1}{2a}\right)$ との距離は P と x 軸との距離に等しいことを示せ。

(▶例題190)

375 次の放物線の方程式を求めよ。また，焦点の座標と準線の方程式を求めよ。

　*(1)　原点を頂点，x軸を軸とし，点$(4, -2)$を通る。

　(2)　原点を頂点，y軸を軸とし，点$(-2, -1)$を通る。

　*(3)　原点を頂点とし，y軸上に焦点があり，点$(1, -3)$を通る。

　(4)　原点を頂点とし，準線がx軸に垂直で，点$(2, -4)$を通る。

▶例題191

376 次の条件を満たす点Pの軌跡を求めよ。

　(1)　直線 $x=-1$ に接し，点$(1, 0)$を通る円の中心P

　*(2)　円 $x^2+(y+2)^2=1$ と外接し，直線 $y=1$ に接する円の中心P

　(3)　円 $x^2+y^2+2x=0$ と内接し，直線 $x=2$ に接する円の中心P

▶例題190

377 放物線 $y^2=4px$ $(p>0)$ の焦点Fを通りx軸に垂直な直線
が，もとの放物線と交わる点をA，Bとすると，AB=4OF
であることを示せ。ただし，Oは原点とする。

(▶例題191)

378 放物線 $C:y^2=4px$ $(p>0)$ と，x軸上の点Pを通ってx軸に垂直な直線がCと
交わる点をA，Bとする。原点をOとして△OABが ∠AOB=90° の直角三角
形になり，その面積が4になるようにpの値を定めよ。

(▶例題191)

▶▶▶▶▶▶▶▶▶▶▶▶▶▶▶▶|応|用|問|題|◀◀◀◀◀◀◀◀◀◀◀◀◀◀◀◀

379 放物線 $C:y^2=4px$ $(p>0)$ の焦点Fを通る直線がC
と交わる点をA，Bとする。線分ABを直径とする円
はCの準線に接することを示せ。

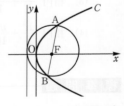

(▶例題191)

≪ヒント≫379　線分ABの中点をMとし，A，B，Mから準線にそれぞれ垂線AH，BI，MJを引く。

17 楕円

380 次の楕円の焦点の座標，長軸と短軸の長さを求めて，その曲線を図示せよ。

*(1) $\dfrac{x^2}{16}+\dfrac{y^2}{9}=1$ (2) $4x^2+5y^2=20$

▶例題194

381 次の楕円の焦点の座標，長軸と短軸の長さを求めて，その曲線を図示せよ。

(1) $x^2+\dfrac{y^2}{4}=1$ *(2) $2x^2+y^2=6$

▶例題194

382 次の中心が原点である楕円の方程式を求めよ。

(1) 点 $(5,\ 0)$ と点 $(0,\ -3)$ を頂点とする

*(2) 焦点の 1 つが $(3,\ 0)$，長軸の長さが 10

*(3) y 軸上の 2 つの焦点から楕円上の点までの距離の和が 8，短軸の長さが 2

(4) 焦点間の距離が $2\sqrt{3}$，y 軸上にある短軸の長さが 4

▶例題195

383 次のように拡大または縮小した曲線の方程式を求めよ。

*(1) 円 $x^2+y^2=16$ を x 軸を基準として，y 軸方向に 2 倍した曲線

*(2) 円 $x^2+y^2=25$ を y 軸を基準として，x 軸方向に $\dfrac{6}{5}$ 倍した曲線

(3) 楕円 $\dfrac{x^2}{9}+\dfrac{y^2}{4}=1$ を x 軸を基準として，y 軸方向に $\dfrac{3}{2}$ 倍した曲線

(4) 楕円 $\dfrac{x^2}{9}+\dfrac{y^2}{16}=1$ を y 軸を基準として，x 軸方向に $\dfrac{4}{3}$ 倍した曲線

▶例題196

*384 2 点 F$(4,\ 0)$，F$'(-4,\ 0)$ からの距離の和が 10 である点 P の軌跡が楕円 $\dfrac{x^2}{25}+\dfrac{y^2}{9}=1$ となることを示せ。

▶例題193

385 次の楕円の方程式を求めよ。

▶例題195

(1) 楕円 $\dfrac{x^2}{9}+\dfrac{y^2}{4}=1$ と焦点を共有し，短軸の長さが 6

(2) 焦点が $(\pm\sqrt{3},\ 0)$ で，点 $(\sqrt{3},\ 2)$ を通る。

*(3) 中心が原点で，点 $(\sqrt{3},\ \sqrt{3})$，$(3,\ 1)$ を通る。

386 長さ3の線分 AB の一端 A が x 軸上を，他端 B が y 軸上を動くとき，次の軌跡の方程式を求めよ。

*(1) AB を $1:2$ に内分する点 P

(2) AB を $1:2$ に外分する点 Q

(▶例題193)

387 原点 O を中心とし，半径が a, b $(a>b>0)$ の同心円がある。半径 a の円周上に点 P，半径 b の円周上に点 Q があり，3点 O, Q, P は一直線上にあるとする。P を通り y 軸に平行な直線と，Q を通り x 軸に平行な直線が交わる点を R とする。点 P が円周上を一周するとき，点 R の軌跡を求めよ。

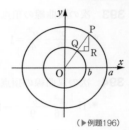

(▶例題196)

*388 楕円 $\dfrac{x^2}{4}+y^2=1$ 上の点 P と点 A$(1, 0)$ との距離の最小値を求めよ。

(▶例題194)

389 次の方程式のグラフをかけ。

(1) $y=2\sqrt{1-x^2}$ (2) $y=-\dfrac{1}{2}\sqrt{4-x^2}$

▶例題194

▶▶▶▶▶▶▶▶▶▶▶▶▶▶▶▶▶ |応|用|問|題| ◀◀◀◀◀◀◀◀◀◀◀◀◀◀◀◀◀

390 楕円 $\dfrac{x^2}{4}+y^2=1$ 上の任意の点を P(x, y)，焦点を F$(\sqrt{3}, 0)$, F$'(-\sqrt{3}, 0)$ とする。線分 PF と PF$'$ をそれぞれ x の1次式で表して，PF＋PF$'$ が定数となることを示せ。

(▶例題193)

391 楕円の焦点を通って短軸に平行な弦を AB とする。短軸の長さの2乗は長軸の長さと弦 AB の長さとの積であることを示せ。

(▶例題195)

392 楕円 $\dfrac{x^2}{a^2}+\dfrac{y^2}{b^2}=1$ $(a>b>0)$ 上の長軸の両端 A, B 以外の任意の点 P から長軸 AB に垂線 PH を引いたとき，$\dfrac{\mathrm{PH}^2}{\mathrm{AH}\cdot\mathrm{BH}}$ は一定となることを示せ。

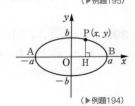

(▶例題194)

18 双曲線

基本問題

393 次の双曲線の頂点と焦点の座標，漸近線の方程式を求めて，その曲線を図示せよ。

*(1) $\dfrac{x^2}{9} - \dfrac{y^2}{4} = 1$ (2) $4x^2 - 2y^2 = 1$ (3) $x^2 - 9y^2 = 4$

▶例題198

394 次の双曲線の頂点と焦点の座標，漸近線の方程式を求めて，その曲線を図示せよ。

*(1) $\dfrac{x^2}{16} - \dfrac{y^2}{9} = -1$ (2) $4x^2 - y^2 = -1$ (3) $y^2 - x^2 = 2$

▶例題198

395 次の双曲線の方程式を求めよ。

*(1) 焦点が $(\pm 5,\ 0)$，漸近線が $4x \pm 3y = 0$

*(2) 焦点が $(0,\ \pm 2)$，頂点間の距離が 2

 (3) 頂点の 1 つが $(0,\ 1)$，漸近線が $2x \pm y = 0$

 (4) 焦点が $(\pm 3,\ 0)$，焦点から双曲線上の点までの距離の差が 4

▶例題199

標準問題

*396 2 点 F$(5,\ 0)$，F$'(-5,\ 0)$ からの距離の差が 8 である点 P の軌跡が双曲線 $\dfrac{x^2}{16} - \dfrac{y^2}{9} = 1$ となることを示せ。

▶例題197

397 双曲線 $\dfrac{x^2}{4} - y^2 = 1$ 上の第 1 象限の点を P$(x,\ y)$，焦点を F$(\sqrt{5},\ 0)$，F$'(-\sqrt{5},\ 0)$ とする。線分 PF と PF$'$ をそれぞれ x の 1 次式で表して，PF$'$−PF が定数となることを示せ。

(▶例題197)

398 点 A$(\sqrt{2},\ \sqrt{2})$，点 B$(-\sqrt{2},\ -\sqrt{2})$ と曲線 $xy = 1$ 上の第 1 象限の点を P$(x,\ y)$ とする。線分 AP と BP をそれぞれ x で表して，BP−AP が定数となることを示せ。

(▶例題197)

399 次の双曲線の方程式を求めよ。

(1) 双曲線 $\dfrac{x^2}{9} - \dfrac{y^2}{4} = 1$ と焦点を共有し，頂点が $(\pm 2,\ 0)$

*(2) 焦点が $(0,\ \pm 4)$ で，点 $(2,\ 2\sqrt{6}\,)$ を通る。

*(3) 点 $(2,\ 2)$ を通り，漸近線が $y = \pm 2x$

▶例題199

400 次の条件を満たす点 P の軌跡を求めよ。

(1) 円 $C : (x+2)^2 + y^2 = 1$ と外接し，点 $A(2,\ 0)$ を通る円の中心 P

(2) 2 つの円 $C_1 : (x+2)^2 + y^2 = 1$，$C_2 : (x-2)^2 + y^2 = 1$ のいずれか一方に外接し，もう一方に内接する円の中心 P

(3) 点 $A(0,\ 2)$ と $B(0,\ -2)$ がある。B を中心とする半径 1 の円上の点 Q と A を結ぶ線分 AQ の垂直二等分線と直線 BQ との交点 P

(▶例題197)

401 次の方程式のグラフをかけ。

(1) $y = 2\sqrt{x^2 - 1}$ (2) $y = -\dfrac{1}{2}\sqrt{x^2 + 4}$

▶例題198

▶▶▶▶▶▶▶▶▶▶▶▶▶▶▶ 応 用 問 題 ◀◀◀◀◀◀◀◀◀◀◀◀◀◀◀

402 双曲線 $\dfrac{x^2}{a^2} - \dfrac{y^2}{b^2} = 1$ $(a>0,\ b>0)$ 上の点 P を通る y 軸に平行な直線と，この双曲線の漸近線の交点を A，B とすると，PA・PB は一定であることを示せ。

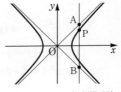

(▶例題198)

***403** 双曲線 $\dfrac{x^2}{a^2} - \dfrac{y^2}{b^2} = 1$ $(a>0,\ b>0)$ 上の任意の点 P から，2 つの漸近線に垂線 PQ，PR を下ろすと，PQ・PR は一定であることを示せ。

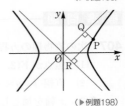

(▶例題198)

19 2次曲線の平行移動

404 次の2次曲線を x 軸方向に2，y 軸方向に -3 平行移動した曲線の方程式を求めよ。

*(1) $\dfrac{x^2}{4}+\dfrac{y^2}{9}=1$ (2) $\dfrac{x^2}{16}-\dfrac{y^2}{25}=1$ (3) $y^2=2x$

▶例題200

405 次の2曲線 C_1，C_2 について，C_2 は C_1 をどのように平行移動したものか。

(1) $C_1:y^2=4x$ $C_2:(y-2)^2=4(x+1)$

(2) $C_1:\dfrac{x^2}{4}+\dfrac{y^2}{9}=1$ $C_2:\dfrac{(x+3)^2}{4}+\dfrac{(y+2)^2}{9}=1$

*(3) $C_1:\dfrac{x^2}{6}-\dfrac{y^2}{8}=1$ $C_2:\dfrac{(x-1)^2}{6}-\dfrac{(y+3)^2}{8}=1$

▶例題201

406 次の曲線の概形をかき，楕円ならば中心と焦点の座標，双曲線ならば中心と焦点の座標と漸近線の方程式，放物線ならば頂点と焦点の座標と準線の方程式を求めよ。

*(1) $\dfrac{(x-2)^2}{2}+(y+1)^2=1$ (2) $\dfrac{(x+1)^2}{9}-\dfrac{(y-2)^2}{4}=-1$

(3) $(x+1)^2=y-2$ *(4) $y^2-2y=4x$

(5) $x^2+4y^2-8y=0$ *(6) $y^2-2x^2-2y+4x=0$

▶例題202

407 次の放物線の方程式を求めよ。

(1) 焦点が F$(2,\ -1)$，頂点が $(0,\ -1)$ の放物線

(2) 直線 $l:y=-2$ を準線とし，点 F$(3,\ 0)$ を焦点とする放物線

*(3) x 軸を軸とし，焦点が原点で，点 $(0,\ 2)$ を通る放物線

▶例題203

408 次の楕円の方程式を求めよ。

(1) 焦点が $(2,\ -1)$，$(2,\ 5)$，短軸の長さが2の楕円

(2) 2点 $(4,\ 2)$，$(-2,\ 2)$ からの距離の和が10である楕円

*(3) 長軸の端点が $(1,\ 0)$，$(1,\ 4)$ で，点 $(2,\ 1)$ を通る楕円

▶例題203

409 次の双曲線の方程式を求めよ。

(1) 焦点の1つが点 $(3, 2)$，漸近線が $y=x+1$，$y=-x+3$ の双曲線

(2) 焦点が $(0, -1)$，$(0, 5)$ で，原点を頂点とする双曲線

*(3) 2点 $(2, 1)$，$(-4, 1)$ からの距離の差が2の双曲線

▶例題203

410 (1) ある曲線を x 軸方向に4，y 軸方向に3平行移動し，さらに x 軸に関して対称移動すると，曲線 $4x^2+8y^2-32x+48y+128=0$ になった。もとの曲線はどのような曲線か。

(2) ある曲線を直線 $y=x$ に関して対称移動してから，x 軸方向に2，y 軸方向に -1 平行移動すると，曲線 $y^2-4x+2y+9=0$ になった。もとの曲線はどのような曲線か。

▶例題200

411 次の曲線の方程式を求めよ。

(1) 放物線 $y^2=2x$ を点 $(3, 1)$ に関して対称移動した放物線

*(2) 楕円 $\dfrac{x^2}{16}+\dfrac{y^2}{9}=1$ を点 $(4, 3)$ に関して対称移動した楕円

*(3) 双曲線 $2x^2-y^2=1$ を直線 $y=-2$ に関して対称移動した双曲線

(▶例題204)

▶▶▶▶▶▶▶▶▶▶▶▶▶▶▶ |応|用|問|題| ◀◀◀◀◀◀◀◀◀◀◀◀◀◀◀◀

412 曲線 $7x^2+48xy-7y^2+25=0$ を直線 $y=2x$ に関して対称移動して得られる曲線の方程式を求めよ。

(▶例題204)

413 次の曲線を原点を中心として（　）内の角だけ回転して得られる曲線の方程式を求めよ。

(1) $xy=1$ $\left(\dfrac{\pi}{4}\right)$　　　　　　　　(2) $5x^2+2\sqrt{3}\,xy+3y^2=6$ $\left(\dfrac{\pi}{3}\right)$

▶例題204

414 曲線 $C: x^2+xy+y^2=\dfrac{3}{2}$ について，次の問いに答えよ。

(1) C を原点を中心に $\dfrac{\pi}{4}$ だけ回転して得られる曲線の方程式を求めよ。

(2) C の焦点の座標を求めよ。

▶例題204

≪ヒント≫**412** 曲線上の点を P(a, b)，P を直線 $y=2x$ に関して対称移動した点を Q(x, y) として軌跡で考える。

413 複素数平面上での回転移動の考えを利用する。

20 　2次曲線と直線

基本問題

415 次の2次曲線と直線について，共有点をもつかどうか調べ，共有点をもつ場合には，共有点の座標を求めよ。　　▶例題205

*(1) $\dfrac{x^2}{4}+\dfrac{y^2}{9}=1$, $3x-2y=0$
(2) $\dfrac{x^2}{4}+y^2=1$, $x+2y=3$

(3) $x^2-\dfrac{y^2}{3}=1$, $2x-y=1$
*(4) $\dfrac{x^2}{4}-\dfrac{y^2}{9}=-1$, $x+y=-2$

*(5) $y^2=4x$, $2x-y=4$
(6) $y^2=-2x$, $2x+2y=1$

416 k を定数とする。次の曲線と直線の共有点の個数を調べよ。　　▶例題205

(1) $x^2+2y^2=4$, $y=2x+k$
(2) $2x^2-y^2=1$, $y=-x+k$

*(3) $y^2=4x$, $y=kx+k$

標準問題

417 放物線 $y^2=4x$ の焦点を通る直線がこの放物線と2点 A，B で交わるとき，その y 座標をそれぞれ y_1, y_2 とすると，$y_1\times y_2$ は一定であることを示せ。　（▶例題206）

***418** 直線 $y=2x+k$ と楕円 $\dfrac{x^2}{9}+\dfrac{y^2}{4}=1$ が2点 P，Q で交わるとき，次の問いに答えよ。　　▶例題206

(1) k の値の範囲を求めよ。　　(2) PQ=4 となる k の値を求めよ。

(3) 線分 PQ の中点 M の座標を k で表せ。

(4) (1)の範囲で k が変化するとき，M の軌跡を求めよ。

▶▶▶▶▶▶▶▶▶▶▶▶▶▶▶ 応用問題 ◀◀◀◀◀◀◀◀◀◀◀◀◀◀◀

419 放物線 $y^2=4x$ とその焦点 F を通る直線 l が2点 P，Q で交わるとき，次の問いに答えよ。　　▶例題206

(1) PQ=8 となるとき，直線 l の方程式を求めよ。

(2) 線分 PQ の中点 M の軌跡を求めよ。

420 点 A(2, 0) を通る直線 l と楕円 $x^2+\dfrac{y^2}{4}=1$ が異なる2点 P，Q で交わっている。l が動くとき，線分 PQ の中点 M の軌跡を求めよ。　　▶例題206

21 2次曲線の接線

421 次の2次曲線の与えられた点における接線の方程式を求めよ。

*(1) $y^2 = 8x$ $(2, 4)$

(2) $x^2 = -2y$ $(4, -8)$

*(3) $\dfrac{x^2}{2} + \dfrac{y^2}{8} = 1$ $(1, -2)$

(4) $\dfrac{x^2}{4} + \dfrac{y^2}{2} = 1$ $(\sqrt{2}, 1)$

(5) $x^2 - y^2 = 2$ $(\sqrt{3}, 1)$

*(6) $\dfrac{x^2}{4} - \dfrac{y^2}{2} = -1$ $(-2, 2)$

▶例題208

422 次の曲線と直線が接するように定数 k の値を定めよ。また，接点の座標を求めよ。

(1) $x^2 + \dfrac{y^2}{4} = 1$, $y = kx + 3$

(2) $\dfrac{x^2}{4} - \dfrac{y^2}{2} = 1$, $y = x + k$

▶例題205

423 接線の方程式を [ ] 内のようにおいて，次の接線の方程式を求めよ。

*(1) 点 $(-1, 0)$ を通り，放物線 $y^2 = 4x$ に接する。 $[y = m(x+1)]$

(2) 点 $(0, 3)$ を通り，楕円 $4x^2 + 9y^2 = 36$ に接する。 $[y = mx + 3]$

*(3) 傾きが1で，双曲線 $4x^2 - y^2 = -4$ に接する。 $[y = x + n]$

▶例題205

424 次の2次曲線の与えられた点を通る接線の方程式を求めよ。

*(1) $y^2 = 4x$ $(-2, 1)$

*(2) $\dfrac{x^2}{10} + \dfrac{2y^2}{5} = 1$ $(2, 2)$

(3) $\dfrac{x^2}{4} + \dfrac{y^2}{9} = 1$ $(2, 6)$

(4) $\dfrac{x^2}{2} - y^2 = 1$ $(2, 3)$

▶例題209

▶▶▶▶▶▶▶▶▶▶▶▶▶▶▶▶ 応用問題 ◀◀◀◀◀◀◀◀◀◀◀◀◀◀◀◀

425 放物線 $y^2 = 4px$ の点 (x_1, y_1) における接線の方程式は $y_1 y = 2p(x + x_1)$ であることを示せ。

▶例題207

22 2次曲線の応用

標 準 問 題

426 a を正の定数とする。点 $(1, a)$ を通り，双曲線 $x^2-4y^2=2$ に接する2本の直線が直交するとき，a の値を求めよ。

▶例題210

427 *(1) 放物線 $y^2=4px$ の直交する2つの接線の交点Pの軌跡を求めよ。

(2) 楕円 $x^2+4y^2=4$ の直交する2つの接線の交点Pの軌跡を求めよ。

▶例題210

428 放物線 $y^2=4px$ $(p>0)$ 上の点Pにおける接線と x 軸との交点をT，焦点をFとするとき，次の問いに答えよ。

(1) PF＝TF を証明せよ。

(2) Pから準線に垂線PHを下ろすとき，∠FPT＝∠HPT となることを証明せよ。

▶例題211

429 焦点を F，F′ とする楕円 $\dfrac{x^2}{a^2}+\dfrac{y^2}{b^2}=1$ $(a>b>0)$ 上にあって，y 軸上にない点 $P(x_1, y_1)$ における接線が x 軸と交わる点をQとするとき，$\dfrac{\mathrm{PF}}{\mathrm{PF'}}=\dfrac{\mathrm{FQ}}{\mathrm{F'Q}}$ が成り立つことを示せ。

(▶例題207)

***430** 双曲線 $\dfrac{x^2}{a^2}-\dfrac{y^2}{b^2}=1$ $(a>0,\ b>0)$ について，次の問いに答えよ。

(1) この双曲線上の点 $P(x_0, y_0)$ における接線 $\dfrac{x_0 x}{a^2}+\dfrac{y_0 y}{b^2}=1$ が漸近線と交わる点 Q，Rの座標を求めよ。

(2) 原点をOとするとき，△OQR の面積は一定であることを示せ。

(3) 線分OP は △OQR の面積を2等分することを示せ。

▶例題212

431 楕円 $\dfrac{x^2}{a^2}+\dfrac{y^2}{b^2}=1$ $(a>0,\ b>0)$ の外部にある点 $P(x_0, y_0)$ からこの楕円に引いた接線の接点を Q，Rとする直線QRは，$\dfrac{x_0 x}{a^2}+\dfrac{y_0 y}{b^2}=1$ で表されることを示せ。

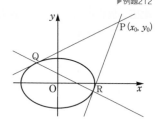

▶例題211

*432 点 F(4, 0) からの距離と直線 $x=2$ からの距離の比が次のような点 P の軌跡を求めよ。

(1) $1:1$ (2) $\sqrt{3}:1$ (3) $1:\sqrt{2}$

▶例題213

433 次の不等式で表される領域を図示せよ。

(1) $y^2 < x$ (2) $y^2 \geqq -4x$ (3) $\dfrac{x^2}{16} + \dfrac{y^2}{25} > 1$

(4) $\dfrac{(x-4)^2}{9} + \dfrac{(y-2)^2}{4} < 1$ (5) $x^2 - y^2 \leqq 1$ (6) $x^2 - y^2 < -1$

434 不等式 $y > \dfrac{1}{x}$ と $xy > 1$ で表される領域をそれぞれ図示せよ。

435 $4x^2 + 9y^2 \leqq 36$ のとき，$2x - 3y$ のとり得る値の範囲を求めよ。

(▶例題205)

▶▶▶▶▶▶▶▶▶▶▶▶▶▶▶ |応|用|問|題| ◀◀◀◀◀◀◀◀◀◀◀◀◀◀◀

*436 (1) 楕円 $\dfrac{x^2}{a^2} + \dfrac{y^2}{b^2} = 1$ $(a > b > 0)$ に内接し，辺が座標軸に平行な長方形の面積の最大値を求めよ。また，このときの長方形の 2 辺の長さを求めよ。

(2) 楕円 $\dfrac{x^2}{a^2} + \dfrac{y^2}{b^2} = 1$ $(a > b > 0)$ 上の第 1 象限内の点 P(x_0, y_0) $(x_0 > 0,\ y_0 > 0)$ における接線と両軸で囲まれた三角形の面積の最小値を求めよ。

(▶例題212)

437 楕円 $C: ax^2 + y^2 = 1$ $(0 < a < 1)$ と双曲線 $D: bx^2 - y^2 = 1$ $(b > 0)$ について，C, D の焦点が一致するとき，次の問いに答えよ。

(1) $\dfrac{1}{a} - \dfrac{1}{b}$ の値を求めよ。

(2) C, D の第 1 象限にある交点 P の座標を求めよ。

(3) 点 P における C, D の接線が直交することを示せ。

(▶例題195, 198, 207)

438 (1) 点 F$\left(\dfrac{1}{2}, \dfrac{1}{2}\right)$ を焦点とし，直線 $l : x + y = 0$ を準線とする放物線の方程式を求めよ。

(2) $\sqrt{x} + \sqrt{y} = 1$ の表す図形は放物線の一部であることを示せ。

(▶例題190)

≪ヒント≫**431** Q(x_1, y_1), R(x_2, y_2) として Q, R の接線方程式 $\dfrac{x_1 x}{a^2} + \dfrac{y_1 y}{b^2} = 1$, $\dfrac{x_2 x}{a^2} + \dfrac{y_2 y}{b^2} = 1$ として考える。

23 媒介変数表示と軌跡

439 次の式で与えられる点 $P(x, y)$ の軌跡を求め，それを図示せよ。

(1) $x=t+1,\ y=2t-3$ （t は実数全体）

*(2) $x=3t-1,\ y=2+t$ （$-2 \leq t \leq 3$）

(3) $x=2t,\ y=1-t^2$ （t は実数全体）

*(4) $x=2-t,\ y=t^2-4t+2$ （$0 \leq t \leq 2$）

*(5) $x=\cos t,\ y=\cos 2t$ （$0 \leq t \leq 2\pi$）

(6) $x=\sqrt{t^2+1},\ y=t^2+3$ （t は実数全体）

▶例題214

440 次の式で与えられる点 $P(x, y)$ の軌跡を求め，それを図示せよ。

(1) $x=3\cos\theta+3,\ y=2\sin\theta$ （$0 \leq \theta \leq 2\pi$）

(2) $x=2\cos\theta-1,\ y=2\sin\theta+1$ $\left(-\dfrac{\pi}{2} \leq \theta \leq \pi\right)$

(3) $x=4-\cos\theta,\ y=2-2\sin\theta$ （$0 \leq \theta \leq \pi$）

(4) $x=\dfrac{1}{\cos\theta},\ y=2\tan\theta$ $\left(-\dfrac{\pi}{2} < \theta < \dfrac{\pi}{2}\right)$

▶例題214

441 角 θ を媒介変数として，次の曲線の媒介変数表示を1つ求めよ。

*(1) $x^2+y^2=4$

(2) $(x-1)^2+(y+2)^2=9$

*(3) $\dfrac{x^2}{4}+\dfrac{y^2}{9}=1$

(4) $3(x-2)^2+4(y-1)^2=12$

*(5) $\dfrac{x^2}{16}-\dfrac{y^2}{25}=1$

(6) $9(x-1)^2-(y+2)^2=-36$

▶例題214

442 t が実数全体を変化するとき，次の点の軌跡を求めよ。

(1) 放物線 $y=x^2+4tx+3t^2+2t$ の頂点

(2) 円 $x^2+y^2-(2\cos t-4)x+(6\sin t+2)y=0$ の中心

▶例題214

443 次の式で与えられる点 $P(x, y)$ の軌跡を求め，それを図示せよ。

(1) $x=2\sin\theta+\cos\theta$, $y=2\cos\theta-\sin\theta$

(2) $x=\cos\theta+\sin\theta$, $y=2\sin\theta-2\cos\theta$

▶例題214

444 $P(x, y)$ を $\left(\dfrac{1-t^2}{1+t^2},\ \dfrac{6t}{1+t^2}\right)$ とするとき，次の問いに答えよ。

(1) $t=\tan\dfrac{\theta}{2}$ とおき，x と y を θ で表せ。

(2) t が実数全体を動くとき，P の軌跡を求めよ。

（▶例題214）

445 2直線 $y-kx=0$ と $x+2ky=4$ の交点を P とする。k の値が実数全体を変化するとき，P はどのような曲線を描くか図示せよ。

446 点 $A(1, 0)$ を通り傾き m_1 の直線 g_1 と，点 $B(-1, 0)$ を通り傾き m_2 の直線 g_2 とがある。次の問いに答えよ。

(1) $m_1 \neq m_2$ のとき，2直線 g_1, g_2 の交点 P の座標を m_1, m_2 で表せ。

(2) g_1, g_2 が $m_1 \neq m_2$, $m_1 m_2 = 1$ を満たしながら動くとき，g_1, g_2 の交点 P の軌跡を求めよ。

*447 点 P が $\dfrac{x^2}{4}+\dfrac{y^2}{16}=1$ を満たすとき，$z=x^2+xy+y^2$ の最大値と最小値を求めよ。

▶▶▶▶▶▶▶▶▶▶▶▶▶▶▶ 応用問題 ◀◀◀◀◀◀◀◀◀◀◀◀◀◀◀

448 xy 平面上において，半径 1 の円板 D の中心 P は円 $x^2+y^2=1$ 上を正の方向に回転し，点 Q は円板 D の周上を正の方向に回転する。ただし，右の図のように $\overrightarrow{OP}$ が x 軸の正の方向に θ $(0\leqq\theta\leqq2\pi)$ の角をなすとき，$\overrightarrow{PQ}$ は $\overrightarrow{OP}$ と θ の角をなすとする。このとき，点 Q の座標を媒介変数 θ を用いて表し，点 Q が x 軸上にあるときの θ の値を求めよ。また，点 Q が描く曲線が x 軸に関して対称であることを示せ。

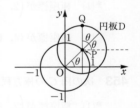

▶例題215

≪ヒント≫**447** $x=2\cos\theta$, $y=4\sin\theta$ $(0\leqq\theta<2\pi)$ と媒介変数で表して代入する。

24　極座標と極方程式(1)

449　極座標で表された次の点を図示せよ。また，直交座標で表せ。

*(1)　$A\left(4, \dfrac{\pi}{3}\right)$　　　　(2)　$B\left(\sqrt{6}, \dfrac{5}{4}\pi\right)$　　　　(3)　$C\left(1, \dfrac{5}{6}\pi\right)$

(4)　$D(2, \pi)$　　　　　*(5)　$E\left(3, -\dfrac{\pi}{4}\right)$　　　　(6)　$F\left(\sqrt{3}, \dfrac{4}{3}\pi\right)$

▶例題216

450　直交座標で表された次の点を極座標 (r, θ) $(r>0, 0\leqq\theta<2\pi)$ で表せ。

(1)　$(\sqrt{2}, \sqrt{2})$　　　　*(2)　$(-\sqrt{3}, 3)$　　　　(3)　$(-1, -\sqrt{3})$

*(4)　$(6, -2\sqrt{3})$　　　　(5)　$(0, -2)$　　　　(6)　$(-1, 0)$

▶例題216

***451**　次の図形の極方程式を求めよ。

(1)　極 O を通り，始線 OX とのなす角が $\dfrac{2}{3}\pi$ の直線

(2)　極 O を中心とする半径 2 の円

▶例題217

452　次の直線 l の極方程式を求めよ。O は極とする。

*(1)　極座標が $\left(2, \dfrac{2}{3}\pi\right)$ である点 A を通り，OA に垂直な直線 l

(2)　極座標が $(4, 0)$ である点 A を通り，始線とのなす角が $\dfrac{\pi}{3}$ である直線 l

▶例題217

453　次の円 C の極方程式を求めよ。

*(1)　極座標が $\left(2, \dfrac{\pi}{3}\right)$ である点 A と，極 O を直径の両端とする円 C

(2)　極座標が $\left(3\sqrt{2}, \dfrac{\pi}{4}\right)$ である点 A を中心とし，極 O を通る円 C

▶例題217

454　次の極方程式は，どのような図形を表すか。

(1)　$r\cos\theta=4$　　　　*(2)　$r\cos\left(\theta-\dfrac{\pi}{4}\right)=2$　　　(3)　$r\cos\left(\theta+\dfrac{\pi}{3}\right)=1$

▶例題217

455 次の極方程式はどのような図形を表すか。

(1) $r = 6\cos\theta$ *(2) $r = 2\cos\left(\theta - \dfrac{\pi}{2}\right)$ (3) $r = 4\cos\left(\theta + \dfrac{\pi}{6}\right)$

▶例題217

456 次の極方程式で表される図形を，極を原点，始線を x 軸の正の部分とする直交座標による方程式で表せ。また，その図形を図示せよ。

(1) $r = 2$ (2) $r\sin\theta = 1$ *(3) $r = \sin\theta$

*(4) $r = \cos\theta - \sqrt{3}\sin\theta$ *(5) $r\cos\left(\theta + \dfrac{\pi}{6}\right) = 2$

(6) $r\cos^2\theta = 2\sin\theta$ (7) $r^2\sin 2\theta = 2$ (8) $r^2\cos 2\theta = 1$

▶例題219

457 直交座標によって次の方程式で表される図形を，原点を極，x 軸の正の部分を始線とする極方程式で表せ。

(1) $x = 3$ *(2) $y = x$ *(3) $x + y = 1$

*(4) $(x-1)^2 + (y-\sqrt{3})^2 = 4$ (5) $y^2 = -2x$ (6) $x^2 - y^2 = 4$

▶例題220

458 次の極方程式で表された円の中心の極座標と半径を求めよ。

*(1) $r^2 + 6r\cos\theta + 1 = 0$ (2) $r^2 - 4r\cos\left(\theta + \dfrac{\pi}{3}\right) + 1 = 0$

▶例題219

459 極座標で表された点 $A\left(2, \dfrac{\pi}{4}\right)$ を中心とする半径 1 の円に，極 O から引いた接線の極方程式を求めよ。

(▶例題217)

▶▶▶▶▶▶▶▶▶▶▶▶▶▶▶▶▶ |応|用|問|題| ◀◀◀◀◀◀◀◀◀◀◀◀◀◀◀◀◀

460 直線 $x + \sqrt{3}y = 4$ を，原点を極，x 軸の正の部分を始線とする極方程式で表し，極からこの直線に下ろした垂線の長さ h と，その垂線が始線とつくる角 α を求めよ。ただし，$0 \leqq \alpha < 2\pi$ とする。

(▶例題220)

461 極座標で表された 2 点 $A\left(2, \dfrac{\pi}{3}\right)$, $B\left(2\sqrt{3}, \dfrac{\pi}{2}\right)$ について，直線 AB の極方程式を求め，極 O からこの直線に下ろした垂線の長さ h と，この垂線と始線とのなす角 α を求めよ。

(▶例題217)

25 極座標と極方程式(2)

標 準 問 題

462 次の極座標で表された 2 点 A, B に対し, 線分 AB の長さ, および, 極 O と A, B を頂点とする △OAB の面積 S を求めよ。

(1) $A(3, 0)$, $B\left(5, \dfrac{2}{3}\pi\right)$ 　　　　(2) $A\left(2, \dfrac{\pi}{6}\right)$, $B\left(3, -\dfrac{\pi}{6}\right)$

▶例題218

463 次の 2 直線の交点の極座標を求めよ。(ただし, $0 \leqq \theta < 2\pi$, $r > 0$)

(1) $r\cos\theta - r\sin\theta = 2$, $r\cos\theta + 2r\sin\theta = -1$

(2) $r\cos\left(\theta - \dfrac{\pi}{6}\right) = 3$, $r\sin\theta = 3$

*464 点 A の極座標を $(2, \pi)$ とし, 点 A を通り始線に垂直な直線を l とする。平面上の点 P に対して, P から l に下ろした垂線と l との交点を H とする。このとき, 極 O と正の定数 e に対して, $OP : PH = e : 1$ を満たす点 P の軌跡の極方程式を次の場合について求めよ。

(1) $e = 1$ 　　　　(2) $e = 2$ 　　　　(3) $e = \dfrac{1}{2}$

(▶例題219)

*465 次の極方程式で表される図形を, 極を原点, 始線を x 軸の正の部分とする直交座標による方程式で表せ。また, その図形を図示せよ。

(1) $r = \dfrac{2}{1 - \cos\theta}$ 　　(2) $r = \dfrac{1}{1 - \sqrt{2}\cos\theta}$ 　　(3) $r = \dfrac{1}{\sqrt{2} - \cos\theta}$

▶例題222

466 極座標が $(2, 0)$ である点 A を通り始線 OX に垂直な直線を l とし, l 上の動点を P とする。
極 O を原点とする半直線 OP 上に $OP \cdot OQ = 4$ を満たす点 Q をとるとき, 次の問いに答えよ。

(1) Q の軌跡の極方程式を求めよ。

(2) (1)で求めた極方程式を, 極を原点, 始線を x 軸の正の部分とする直交座標による方程式で表せ。

(▶例題216, 219)

467 極をOとし，点Aの極座標を $(2,\ 0)$ とする。Aを通り，OAに垂直な直線 l 上に点Pをとり，Pを頂点とする正三角形OPQをつくる。次の問いに答えよ。

(1) 点Qの軌跡の極方程式を求めよ。

(2) (1)で求めた極方程式を，極を原点，始線を x 軸の正の部分とする直交座標による方程式で表せ。

(▶例題216, 219)

468 直交座標において，2定点 $A(a,\ 0)$，$B(-a,\ 0)$ からの距離の積が一定で a^2 に等しい点をPとする。ただし，$a>0$ とする。次の問いに答えよ。

(1) 点Pの軌跡の方程式は，$(x^2+y^2)^2=2a^2(x^2-y^2)$ で表されることを示せ。

(2) 原点を極，x 軸の正の部分を始線にとって，点Pの軌跡の極方程式を求めよ。

(▶例題220)

▶▶▶▶▶▶▶▶▶▶▶▶▶▶▶ |応|用|問|題| ◀◀◀◀◀◀◀◀◀◀◀◀◀◀◀

469 楕円 $\dfrac{x^2}{a^2}+\dfrac{y^2}{b^2}=1$ $(a>b>0)$ の中心Oを極，x 軸の正の部分を始線として，この楕円の極方程式を求めよ。次に，この楕円の中心Oから垂直な2つの半直線を引き，楕円との交点をP，Qとするとき，$\dfrac{1}{\mathrm{OP}^2}+\dfrac{1}{\mathrm{OQ}^2}$ はつねに一定であることを示せ。

(▶例題216, 220)

470 $a>0$ を定数として，極方程式 $r=a(1+\cos\theta)$ により表される曲線 C_a を考える。次の問いに答えよ。

(1) 極座標が $\left(\dfrac{a}{2},\ 0\right)$ の点を中心とし，半径が $\dfrac{a}{2}$ である円 S を極方程式で表せ。

(2) 点Oと曲線 C_a 上の点 $\mathrm{P} \neq \mathrm{O}$ とを結ぶ直線が円 S と交わる点をQとするとき，線分PQの長さは一定であることを示せ。

(3) 点Pが曲線 C_a 上を動くとき，極座標が $(2a,\ 0)$ の点とPとの距離の最大値を求めよ。

(▶例題217, 218)

≪ヒント≫469 楕円の方程式に $x=r\cos\theta$，$y=r\sin\theta$ を代入して，r^2 を $\sin\theta$，$\cos\theta$ で表す。点Pを $\mathrm{P}(r_1,\ \theta)$ とすると，点Qは $\mathrm{Q}\left(r_2,\ \theta\pm\dfrac{\pi}{2}\right)$ と表せる。

470 (2) $\mathrm{P}(r_1,\ \theta)$，$\mathrm{Q}(r_2,\ \theta)$ とすると，$\mathrm{PQ}=|r_1-r_2|$ である。

(3) 余弦定理を用いて距離を求める。

数学B　こたえ

（証明・グラフは省略）

1 (1) $a_1=7$, $a_2=2$, $a_3=-3$, $a_{10}=-38$
(2) $a_1=3$, $a_2=7$, $a_3=13$, $a_{10}=111$
(3) $a_1=1$, $a_2=2$, $a_3=4$, $a_{10}=512$

2 (1) $a_n=2n$　(2) $a_n=n^2$
(3) $a_n=10^{n-1}$　(4) $a_n=(-1)^{n-1}$

3 (1) $a_n=7n-3$, $a_{20}=137$
(2) $a_n=-4n+29$, $a_{20}=-51$
(3) $a_n=6n-16$, $a_{20}=104$
(4) $a_n=-2n+1$, $a_{20}=-39$

4 (1) 初項は -10, 公差は 3, $a_n=3n-13$
42 はこの数列の項になっていない。
(2) 初項は 105, 公差は -7,
$a_n=-7n+112$, 42 はこの数列の第 10 項
である。

5 (1) 初項は 5, 公差は 2
(2) 初項は $\dfrac{1}{3}$, 公差は $-\dfrac{1}{6}$

6 (1) 1240　(2) 198　(3) 1079
(4) -1122

7 順に
(1) 97, 14744　　(2) 21, -3

8 (1) 10100　(2) 2842　(3) 1470
(4) 11472

9 41550

10 (1) 4, 10, 16　(2) -3, 4, 11

11 33835

12 初項は 7, 公差は 6

13 $c_n=35n-17$

14 略

15 42

16 $a=3$, $d=7$, $n=15$

17 (1) $a_n=2\cdot3^{n-1}$, $a_6=486$
(2) $a_n=3\cdot(-2)^{n-1}$, $a_6=-96$
(3) $a_n=10\cdot2^{n-1}$, $a_6=320$
(4) $a_n=9\cdot\left(-\dfrac{\sqrt{3}}{3}\right)^{n-1}$, $a_6=-\dfrac{\sqrt{3}}{3}$

18 (1) 初項 $\dfrac{5}{4}$, 公比 2, $a_n=\dfrac{5}{4}\cdot2^{n-1}$
(2) 初項 -162, 公比 $\dfrac{1}{3}$, $a_n=-162\cdot\left(\dfrac{1}{3}\right)^{n-1}$,

初項 162, 公比 $-\dfrac{1}{3}$, $a_n=162\cdot\left(-\dfrac{1}{3}\right)^{n-1}$

19 (1) 初項が 10, 公比が 2
(2) 初項が -2, 公比が -2
(3) 初項が 9, 公比が $\dfrac{1}{9}$

20 (1) $S_n=\dfrac{4^n-1}{3}$, $S_6=1365$
(2) $S_n=\dfrac{32}{3}\left\{1-\left(-\dfrac{1}{2}\right)^n\right\}$, $S_6=\dfrac{21}{2}$
(3) $S_n=6\left\{1-\left(\dfrac{2}{3}\right)^n\right\}$, $S_6=\dfrac{1330}{243}$
(4) $S_n=\dfrac{1}{4}\{1-(-3)^n\}$, $S_6=-182$

21 順に
(1) 5, 7　(2) 8　(3) 2, 7

22 (1) 2, 6, 18　(2) 4, 10, 25

23 $(a, b)=(1, 1)$, $(-1+\sqrt{2}, -3+2\sqrt{2})$
$(-1-\sqrt{2}, -3-2\sqrt{2})$

24 初項 $\dfrac{1}{4}$, 公比 3 または初項 $-\dfrac{1}{2}$,
公比 -3

25 (1) $\dfrac{4}{3}\left\{1-\left(\dfrac{1}{4}\right)^n\right\}$　(2) 2^n-1
(3) $-\dfrac{n(n-1)}{2}$

26 (1) $(a, b, c)=(24, 6, -12)$ または
$(6, 6, 6)$
(2) $(a, b, c)=\left(-10, -\dfrac{5}{2}, 5\right)$ または
$(5, 5, 5)$

27 約数の個数は $(m+1)(n+1)$ 個,
その総和は $\dfrac{(2^{m+1}-1)(5^{n+1}-1)}{4}$

28 (1) $4(2+\sqrt{2})\left\{1-\left(\dfrac{\sqrt{2}}{2}\right)^n\right\}$
(2) $2\left\{1-\left(\dfrac{1}{2}\right)^n\right\}$

29 $\dfrac{4}{7}(8^n-1)$

30 $n=20$

31 124.8 万円

32 (1) $5+8+11+14+17$

(2) $1+2+4+8+16+32$

(3) $-1+4-9+16-25+36-49$

33 (1) $\sum\limits_{k=1}^{10} k^3$ (2) $\sum\limits_{k=1}^{50} 2k(2k+1)$

34 (1) $\sum\limits_{k=1}^{n} (-3)^{k-1}$ (2) $\sum\limits_{k=1}^{n} (2k-1)\cdot 2^k$

35 (1) $\dfrac{1}{2}n(3n-1)$ (2) $n^2(n+1)$

(3) $n(n+1)(n^2+n-1)$ (4) $\dfrac{1}{2}n(n-1)$

(5) $\dfrac{1}{6}(2n^3+3n^2+n-180)$

$\left(=\dfrac{1}{6}(n-4)(2n^2+11n+45)\right)$

(6) 3016

36 (1) $-\dfrac{3}{4}\{1-(-3)^n\}$ (2) $2^{n-1}-1$

(3) $\dfrac{5}{4}(5^n-625)$

37 (1) $a_n=n^2-n+1$ (2) $a_n=n^2-2n+3$

(3) $a_n=\dfrac{1}{2}(3^{n-1}+1)$

(4) $a_n=\dfrac{1}{6}(2n^3-3n^2+n+6)$

$\left(=\dfrac{1}{6}(n+1)(2n^2-5n+6)\right)$

38 (1) $\dfrac{1}{6}n(n+1)(4n+5)$

(2) $\dfrac{2}{3}n(n+1)(2n+1)$

(3) $\dfrac{1}{3}n(4n^2+6n-1)$

(4) $\dfrac{1}{4}n(n+1)(n+2)(n+3)$

39 順に

(1) $\dfrac{3}{2}n^2-\dfrac{1}{2}n,\ \dfrac{1}{2}n^2(n+1)$

(2) $\dfrac{4}{3}n^3-\dfrac{1}{3}n,\ \dfrac{1}{6}n(n+1)(2n^2+2n-1)$

40 順に

(1) $\dfrac{3^n-1}{2},\ \dfrac{1}{4}(3^{n+1}-2n-3)$

(2) $\dfrac{5}{9}(10^n-1),\ \dfrac{5}{81}(10^{n+1}-9n-10)$

41 5000

42 (1) $\dfrac{1}{6}n(n+1)(n-1)$

(2) $\dfrac{1}{24}n(n+1)(n+2)(n+3)$

43 (1) $a_n=\dfrac{1}{2}(n^3-5n^2+10n-4)$

(2) $a_n=\dfrac{1}{4}(3^{n-1}+2n+1)$

44 (1) $\dfrac{1}{12}n(n+1)^2(n+2)$

(2) $\dfrac{1}{6}n(2n+1)(7n+1)$

45 $\dfrac{1}{24}n(n+1)(n-1)(3n+2)$

46 $\dfrac{1}{6}n(n+1)(5n+1)$ 個

47 $\dfrac{5}{16}\left\{1-\left(\dfrac{1}{9}\right)^n\right\}$

48 (1) $a_n=2n-4 \quad (n=1,\ 2,\ 3,\ \cdots)$

(2) $a_n=\begin{cases} 2 & (n=1 \text{ のとき}) \\ 4n-3 & (n=2,\ 3,\ 4,\ \cdots) \end{cases}$

(3) $a_n=2\cdot 3^{n-1} \quad (n=1,\ 2,\ 3,\ \cdots)$

(4) $a_n=\begin{cases} 4 & (n=1 \text{ のとき}) \\ 2^{n-1}+2 & (n=2,\ 3,\ 4,\ \cdots) \end{cases}$

49 (1) $\dfrac{n}{2(3n+2)}$ (2) $\dfrac{n}{4(n+1)}$

(3) $\dfrac{1}{2}(\sqrt{2n+1}-1)$

(4) $\dfrac{1}{2}(\sqrt{n+2}+\sqrt{n+1}-\sqrt{2}-1)$

50 (1) $\dfrac{2n}{n+1}$ (2) $\dfrac{n(3n+5)}{4(n+1)(n+2)}$

51 $(n+1)!-1$

52 $\dfrac{n(n+2)}{3(2n+1)(2n+3)}$

53 (1) $S_n=4-\dfrac{n+2}{2^{n-1}}$

(2) $S_n=3+(n-1)\cdot 3^{n+1}$

54

(1) $S_n=\begin{cases} \dfrac{1+x-(2n+1)x^n+(2n-1)x^{n+1}}{(1-x)^2} & (x\neq 1) \\ n^2 & (x=1) \end{cases}$

(2) $S_n=\begin{cases} n(n+1) & (x=1 \text{ のとき}) \\ -n(n+1) & (x=-1 \text{ のとき}) \\ \dfrac{2x\{1-(1+n)x^{2n}+nx^{2n+2}\}}{(1-x^2)^2} & \\ & (x\neq\pm 1 \text{ のとき}) \end{cases}$

55 (1) $\dfrac{n(n+1)}{2}$　(2) 112

　(3) 第32群の4番目の数

56 (1) $\dfrac{3^{n-1}+1}{2}$

　(2) 第7群の636番目の数

57 (1) 第1000項　(2) $\dfrac{19}{20}$

58 略

59 第100項は14，第100項までの和は945

60 (1) $a_n=2n^2-2n+1$　(2) $\dfrac{1}{3}n(2n^2+1)$

61 (1) $a_2=0$, $a_3=1$, $a_4=0$, $a_5=1$
　(2) $a_2=7$, $a_3=22$, $a_4=67$, $a_5=202$
　(3) $a_2=2$, $a_3=5$, $a_4=13$, $a_5=34$

62 (1) 初項 $\dfrac{1}{2}$，公差 $\dfrac{1}{3}$ の等差数列，

　　$a_n=\dfrac{1}{3}n+\dfrac{1}{6}$

　(2) 初項2，公比 $\dfrac{1}{3}$ の等比数列，

　　$a_n=2\cdot\left(\dfrac{1}{3}\right)^{n-1}$

63 (1) $a_1=2$, $a_{n+1}=a_n+3$
　(2) $a_1=1$, $a_{n+1}=3a_n$
　(3) $a_1=1$, $a_{n+1}=a_n+n$
　(4) $a_1=1$, $a_{n+1}=a_n+n^2$

64 (1) $a_n=-2n+7$
　(2) $a_n=n^2+1$
　(3) $a_n=2^n-1$
　(4) $a_n=\dfrac{1}{4}\{1-(-3)^n\}$

65 (1) $a_n=5\cdot2^{n-1}-4$

　(2) $a_n=3-\left(\dfrac{1}{3}\right)^{n-1}$

　(3) $a_n=\dfrac{1}{4}(5^n+3)$

　(4) $a_n=\dfrac{1}{4}\{1-5\cdot(-3)^{n-1}\}$

66 (1) $b_1=1$, $b_{n+1}=2b_n+1$
　(2) $b_n=2^n-1$
　(3) $a_n=6^n-3^n$

67 (1) $b_{n+1}=\dfrac{1}{2}b_n+1$

　(2) $b_n=2-\dfrac{3}{2}\cdot\left(\dfrac{1}{2}\right)^{n-1}$

　(3) $a_n=2n-4+3\cdot\left(\dfrac{1}{2}\right)^{n-1}$

68 (1) $a_n=\dfrac{1}{n}$

　(2) $a_n=\dfrac{2\cdot3^{n-1}}{2\cdot3^{n-1}-2^{n-1}}$

69 (1) $a_n=n(2n-1)$
　(2) $a_n=3n-1$

70 (1) $a_n=3^{n-1}$

　(2) $a_n=\dfrac{1}{3}\{2-5\cdot(-2)^{n-1}\}$

71 $a_n=\dfrac{1}{5}\{3^{n+1}+(-2)^{n-1}\}$

72 (1) $a_n+b_n=5^n$, $a_n-b_n=-3^n$

　(2) $a_n=\dfrac{1}{2}(5^n-3^n)$, $b_n=\dfrac{1}{2}(5^n+3^n)$

73 (1) $a_{n+1}=\dfrac{2}{3}a_n+1$

　(2) $a_n=-2\left(\dfrac{2}{3}\right)^{n-1}+3$

74 (1) $b_1=0$, $b_{n+1}=2b_n+3$
　(2) $a_n=2^{3\cdot2^{n-1}-3}$

75 (1) $a_{n+1}=a_n+n-1$

　(2) $a_n=\dfrac{1}{2}(n-1)(n-2)$

76 (1) $b_1=-3$, $b_{n+1}=3b_n$

　(2) $a_n=\dfrac{3^{n+1}-1}{3^n+1}$

77 (1) $b_n=3^{n-1}$
　(2) $a_n=(2n+1)\cdot3^{n-2}$

78 (1) $p_1=\dfrac{1}{4}$, $p_2=\dfrac{3}{8}$

　(2) $p_{n+1}=\dfrac{1}{2}p_n+\dfrac{1}{4}$　(3) $p_n=\dfrac{1}{2}\left\{1-\left(\dfrac{1}{2}\right)^n\right\}$

79 略
80 略
81 略
82 略
83 証明略

　(1) $a_n=\dfrac{2}{2n-1}$

　(2) $a_n=n+2$

84 略
85 略
86 略

87 (1) 略 (2) $\dfrac{4}{9}$

88 (1) 略 (2) $\dfrac{11}{16}$ (3) 2

89 $a=\dfrac{1}{6}$, $b=\dfrac{1}{2}$, X の分散 $\dfrac{4}{3}$,

X の標準偏差 $\dfrac{2\sqrt{3}}{3}$

90 X の期待値 $\dfrac{7}{3}$, X の分散 $\dfrac{8}{9}$,

X の標準偏差 $\dfrac{2\sqrt{2}}{3}$

91 X の期待値 $\dfrac{6}{5}$, X の分散 $\dfrac{9}{25}$,

X の標準偏差 $\dfrac{3}{5}$

92 (1) 略

(2) X の期待値 $\dfrac{14}{9}$, X の分散 $\dfrac{211}{162}$

93 X の期待値 $\dfrac{3}{2}$, X の分散 $\dfrac{9}{20}$,

X の標準偏差 $\dfrac{3\sqrt{5}}{10}$

94 X の期待値 4, X の分散 $\dfrac{9}{5}$,

X の標準偏差 $\dfrac{3\sqrt{5}}{5}$

95 (1) $E(Y)=8$, $V(Y)=\dfrac{35}{3}$,

$\sigma(Y)=\dfrac{\sqrt{105}}{3}$

(2) $E(Y)=-16$, $V(Y)=\dfrac{140}{3}$,

$\sigma(Y)=\dfrac{2\sqrt{105}}{3}$

96 $a=\dfrac{2\sqrt{3}}{3}$, $b=-\sqrt{3}$

97 (1) 6 (2) 9 (3) 4

98 $Y=5X-8$, Y の期待値 2, 分散 25

99 $a=\sqrt{2}$, $b=3\sqrt{2}$

100 Y の期待値 $3n+2$, 分散 $3(n+1)(n-1)$

101 (1) 期待値 $\dfrac{5}{3}$, 分散 $\dfrac{34}{45}$ (2) $\dfrac{2}{3}$

102 期待値は 115 円, 分散は 5075

103 (1) $\dfrac{2(n-k)}{n(n-1)}$ $(k=1,\ 2,\ 3,\ \cdots,\ n-1)$

(2) $\dfrac{n+1}{3}$

104 132 円

105 (1) $m=55$, $\sigma(N)=\sqrt{202}$ (2) $\dfrac{19}{25}$

106 (1) $P(X=r)={}_8C_r\left(\dfrac{1}{3}\right)^r\left(\dfrac{2}{3}\right)^{8-r}$

$(r=0,\ 1,\ 2,\ \cdots,\ 8)$

$B\left(8,\ \dfrac{1}{3}\right)$

(2) $P(X=r)={}_{20}C_r\left(\dfrac{3}{8}\right)^r\left(\dfrac{5}{8}\right)^{20-r}$

$(r=0,\ 1,\ 2,\ \cdots,\ 20)$

$B\left(20,\ \dfrac{3}{8}\right)$

107 (1) $\dfrac{7}{32}$ (2) $\dfrac{29}{128}$ (3) $\dfrac{127}{128}$

108 順に

(1) $\dfrac{20}{3}$, $\dfrac{20}{9}$, $\dfrac{2\sqrt{5}}{3}$ (2) 120, 72, $6\sqrt{2}$

(3) 10, $\dfrac{99}{10}$, $\dfrac{3\sqrt{110}}{10}$

109 順に

(1) 3, $\dfrac{\sqrt{10}}{2}$ (2) 25, $\dfrac{5\sqrt{2}}{2}$

110 $E(X)=400$, $V(X)=240$, $\sigma(X)=4\sqrt{15}$

111 順に 270, $3\sqrt{3}$

112 順に $\dfrac{75}{2}$, $\dfrac{5\sqrt{15}}{4}$

113 (1) $n=9$, $p=\dfrac{2}{3}$ (2) $k=6$

114 (1) $m=\dfrac{5}{4}$, $\sigma=\dfrac{\sqrt{15}}{4}$ (2) $\dfrac{675}{1024}$

115 順に

(1) $\dfrac{2}{3}n$, $\dfrac{\sqrt{2n}}{3}$ (2) $\dfrac{1}{3}n$, $\dfrac{2\sqrt{2n}}{3}$

116 赤球の個数は 3 個, 回数 n は 16

117 $\left(\dfrac{5}{3}\right)^n$

118 (1) $\dfrac{1}{4}$, $\dfrac{8}{9}$ (2) $\dfrac{3}{10}$, $\dfrac{1}{10}$

119 (1) $k=\dfrac{1}{8}$ (2) $\dfrac{3}{4}$

120 (1) $a=-\dfrac{1}{4}$ (2) $\dfrac{5}{8}$

121 (1) $a=1$　(2) $\dfrac{5}{12}$

122 (1) $a=\dfrac{3}{4}$　(2) $E(X)=1$, $V(X)=\dfrac{1}{5}$

123 (1) 0.1574　(2) 0.8185
　(3) 0.1587　(4) 0.0456

124 (1) 0.3413　(2) 0.8185　(3) 0.9987

125 68.26 %, 2.28 %

126 97.1 %

127 (1) 0.4772　(2) 0.0228

128 0.0139

129 231 点以上

130 (1)

X	2	4	6	8	計
P	$\dfrac{4}{10}$	$\dfrac{3}{10}$	$\dfrac{2}{10}$	$\dfrac{1}{10}$	1

　(2) $\mu=4$, $\sigma^2=4$, $\sigma=2$

　(3) $E(\overline{X})=4$, $\sigma(\overline{X})=\dfrac{\sqrt{10}}{5}$

131 $N\left(25,\ \dfrac{20^2}{50}\right)$ または $N(25,\ 8)$

132 (1) 0.8185　(2) 0.6247　(3) 0.8413

133 $E(\overline{X})=20$, $\sigma(\overline{X})=2$

134 0.9544

135 (1) $E(\overline{X})=0.4$,
　　$\sigma(\overline{X})=\dfrac{\sqrt{0.24}}{\sqrt{n}}\ \left(=\dfrac{\sqrt{6}}{5\sqrt{n}}\right)$

　(2) 150 人以上

136 $49.02\le\mu\le50.98$, n は 385 以上

137 $0.3608\le p\le0.4392$

138 $74.02\le\mu\le75.98$

139 $0.701\le p\le0.799$

140 $790.2\le\mu\le809.8$

141 (ウ)

142 新しい機械によって製品の重さに変化があったといえる。

143 男女の出生率は異なるとは判定できない。

144 特別な理由があったと考えられる。

145 1 の目が出やすいとはいえない。

146 予防薬 B は予防薬 A より優れているといえる。

147 3 個とも赤球であるといえる。

数学C　こたえ

148 (1) $\overrightarrow{OB}$, $\overrightarrow{EO}$, $\overrightarrow{DC}$

(2) $\overrightarrow{BA}$, $\overrightarrow{CO}$, $\overrightarrow{OF}$, $\overrightarrow{CF}$

(3) $\overrightarrow{DA}$, $\overrightarrow{BE}$, $\overrightarrow{EB}$, $\overrightarrow{CF}$, $\overrightarrow{FC}$

149 略

150 (1) $\overrightarrow{AC}$ (2) $\overrightarrow{AC}$ (3) $\overrightarrow{AD}$ (4) $\overrightarrow{AB}$

151 (1) $\vec{c}-\vec{b}$ (2) $\dfrac{1}{2}\vec{b}+\dfrac{1}{2}\vec{c}$

(3) $\dfrac{1}{2}\vec{c}-\vec{b}$ (4) $\dfrac{1}{2}\vec{c}-\dfrac{1}{2}\vec{b}$

152 (1) $4\vec{a}$ (2) $6\vec{a}+2\vec{b}$ (3) $-2\vec{a}+4\vec{b}$

(4) $-2\vec{a}-9\vec{b}$ (5) $7\vec{a}-11\vec{b}$

(6) $\dfrac{1}{6}\vec{a}+\dfrac{2}{3}\vec{b}$

153 (1) $\vec{x}=2\vec{a}-\vec{b}$ (2) $\vec{x}=\dfrac{3}{4}\vec{a}-\dfrac{1}{2}\vec{b}$

154 (1) $\pm\dfrac{1}{3}\overrightarrow{CB}$

(2) $\pm\dfrac{1}{5}(\overrightarrow{CB}-\overrightarrow{CA})$ $\left(\pm\dfrac{1}{5}(\overrightarrow{CA}-\overrightarrow{CB})\right)$

155 略

156 (1) $\overrightarrow{BC}=\vec{x}+\vec{y}$ (2) $\overrightarrow{AC}=2\vec{x}+\vec{y}$

(3) $\overrightarrow{AG}=\dfrac{2}{3}\vec{x}+\dfrac{1}{3}\vec{y}$

157 (1) $\vec{x}=\dfrac{1}{2}\vec{a}+\dfrac{1}{2}\vec{b}$, $\vec{y}=\dfrac{1}{2}\vec{a}-\dfrac{1}{2}\vec{b}$

(2) $\vec{x}=2\vec{a}+\vec{b}$, $\vec{y}=\vec{a}-\vec{b}$

158 $\overrightarrow{AB}=\dfrac{9}{7}\vec{p}-\dfrac{6}{7}\vec{q}$, $\overrightarrow{AD}=-\dfrac{3}{7}\vec{p}+\dfrac{9}{7}\vec{q}$

159 (1) $\overrightarrow{AP}=\dfrac{2}{5}\vec{a}$, $\overrightarrow{AQ}=\dfrac{2}{3}\vec{a}+\dfrac{1}{3}\vec{b}$,

$\overrightarrow{AR}=\vec{a}+\dfrac{3}{4}\vec{b}$

(2) $\overrightarrow{PQ}=\dfrac{4}{15}\vec{a}+\dfrac{1}{3}\vec{b}$, $\overrightarrow{PR}=\dfrac{3}{5}\vec{a}+\dfrac{3}{4}\vec{b}$

(3) $k=\dfrac{9}{4}$

160 (1) $\vec{a}=-\vec{e_1}+2\vec{e_2}$, $\vec{b}=4\vec{e_1}-2\vec{e_2}$,
$\vec{c}=-3\vec{e_1}-3\vec{e_2}$, $\vec{d}=-2\vec{e_2}$

(2) $\vec{a}=(-1,\ 2)$, $\vec{b}=(4,\ -2)$,
$\vec{c}=(-3,\ -3)$, $\vec{d}=(0,\ -2)$

(3) $|\vec{a}|=\sqrt{5}$, $|\vec{b}|=2\sqrt{5}$, $|\vec{c}|=3\sqrt{2}$,

$|\vec{d}|=2$

161 順に

(1) $(-3,\ 3)$, $3\sqrt{2}$ (2) $(-1,\ 3)$, $\sqrt{10}$

(3) $(1,\ -5)$, $\sqrt{26}$ (4) $(-3,\ 7)$, $\sqrt{58}$

(5) $(3,\ -9)$, $3\sqrt{10}$ (6) $(-3,\ 5)$, $\sqrt{34}$

162 順に

(1) $(-3,\ 2)$, $\sqrt{13}$ (2) $(1,\ 4)$, $\sqrt{17}$

(3) $(-7,\ 0)$, 7 (4) $(2,\ -6)$, $2\sqrt{10}$

163 (1) $x=3$, $y=7$ (2) $x=2$, $y=-1$

(3) $x=5$, $y=2$

164 $t=-3$

165 (1) $x=1$, $y=-3$ (2) $x=2$, $y=-1$

166 (1) $\vec{c}=-2\vec{a}+3\vec{b}$ (2) $\vec{d}=4\vec{a}-\vec{b}$

167 D$(4,\ 10)$

168 $\vec{a}=(-1,\ 5)$, $\vec{b}=(7,\ 2)$

169 (1) $\left(\dfrac{5}{13},\ -\dfrac{12}{13}\right)$

(2) $(-2\sqrt{3},\ \sqrt{3})$, $(2\sqrt{3},\ -\sqrt{3})$

170 (1) $t=-5,\ 1$ (2) $x=-2$

171 (1) $k=\pm2\sqrt{2}$ (2) $k=\dfrac{1}{2}$

172 (1) $t=4,\ -2$

(2) $t=1$ のとき最小値 $3\sqrt{2}$

173 $m=5$, $n=2$

174 (1) $5\sqrt{2}$ (2) -6

175 (1) 4 (2) 0 (3) -2 (4) 4 (5) 4

(6) 2

176 (1) 7 (2) -6 (3) $\sqrt{3}$ (4) 0

177 (1) $60°$ (2) $135°$

178 (1) $45°$ (2) $30°$ (3) $120°$ (4) $90°$

179 (1) $k=\dfrac{2}{3}$ (2) $k=1,\ -2$

180 $\left(\dfrac{4}{5},\ -\dfrac{3}{5}\right)$, $\left(-\dfrac{4}{5},\ \dfrac{3}{5}\right)$

181 (1) $\dfrac{3}{2}$ (2) $-\dfrac{1}{2}$ (3) -2

182 $t=\dfrac{9}{7}$

183 $y=\dfrac{2}{3}$

184 $\vec{e}=\left(\dfrac{\sqrt{3}}{2},\ \dfrac{1}{2}\right),\ (0,\ 1)$

185 (1) $\dfrac{2\sqrt{5}}{5}$ (2) 4

186 (1) 4 (2) 2

187 $(x,\ y)=(1,\ -2),\ (2,\ -1),\ (-1,\ 2),$
$(-2,\ 1)$

188 $\left(\dfrac{21}{5},\ \dfrac{7}{5}\right),\ (1,\ 3),\ \left(-\dfrac{1}{5},\ \dfrac{3}{5}\right),$
$(3,\ -1)$

189 略

190 (1) $(\vec{a}-3\vec{b})\cdot(2\vec{a}+\vec{b})=-14,$
$|\vec{a}+2\vec{b}|=6$
(2) $4\sqrt{3}$

191 (1) 3 (2) $30°$ (3) $t=-\dfrac{5}{3}$

192 $\theta=60°$

193 $t=-1$

194 $\vec{a}\cdot\vec{b}=2,\ |\vec{b}|=\sqrt{3}$

195 (1) 1 (2) $2\sqrt{14}$

196 (1) $t=-1$ のとき $|\vec{a}+t\vec{b}|$ の最小値は
$\sqrt{5}$
(2) 略

197 -1

198 (1) $|\vec{a}|=\sqrt{2}$, $|\vec{b}|=\sqrt{2}$, $|\vec{c}|=\sqrt{2}$
(2) $\theta=120°$

199 (1) $\overrightarrow{OA}\cdot\overrightarrow{OB}=0,\ \overrightarrow{OB}\cdot\overrightarrow{OC}=-\dfrac{4}{5},$
$\overrightarrow{OC}\cdot\overrightarrow{OA}=-\dfrac{3}{5}$
(2) $\dfrac{6}{5}$

200 (1) $|\vec{a}|=|\vec{b}|=1$ (2) $\theta=120°$
(3) $t=-\dfrac{1}{2},\ -2$

201 (1) $0°\leqq\theta\leqq60°$ (2) $2\leqq\vec{c}\cdot\vec{d}\leqq19$

202 (1) $\vec{p}=\dfrac{\vec{a}+3\vec{b}}{4},\ \vec{q}=\dfrac{-\vec{a}+3\vec{b}}{2}$
(2) $\vec{p}=\dfrac{5\vec{a}+2\vec{b}}{7},\ \vec{q}=\dfrac{5\vec{a}-2\vec{b}}{3}$
(3) $\vec{m}=\dfrac{\vec{a}+\vec{b}}{2}$

203 $\overrightarrow{PR}=-\dfrac{2}{3}\vec{b}+\dfrac{1}{6}\vec{c},\ \overrightarrow{RQ}=2\vec{b}-\dfrac{3}{2}\vec{c}$

204 (1) $\overrightarrow{AE}=\dfrac{2\vec{a}+\vec{b}}{3}$ (2) $\overrightarrow{AG}=\dfrac{\vec{a}+\vec{b}}{3}$
(3) $\overrightarrow{EG}=-\dfrac{1}{3}\vec{a}$ (4) $\overrightarrow{CE}=-\dfrac{1}{3}\vec{a}-\dfrac{2}{3}\vec{b}$
(5) $\overrightarrow{GC}=\dfrac{2}{3}\vec{a}+\dfrac{2}{3}\vec{b}$

205 略

206 略

207 (1) $\overrightarrow{AP}=\dfrac{8\vec{a}+3\vec{b}}{11}$ (2) 略

208 (1) 点 P は，辺 AB の中点
(2) 点 P は，辺 BC を $3:2$ に内分する点
(3) 点 P は，辺 BC を $1:2$ に内分する点
(4) 点 P は，辺 AB を $2:1$ に内分する点

209 略

210 (1) 辺 BC を $5:4$ に内分する点を D と
すると，点 P は線分 AD を $3:1$ に内分す
る点
(2) $3:4:5$

211 略

212 (1) 略 (2) $\overrightarrow{OA_2}=-\dfrac{1}{3}\vec{a}$ (3) 略
(4) $\triangle A_2B_2C_2=\dfrac{4}{9}S$

213 $y=-3$

214 (1) $\overrightarrow{PQ}=\dfrac{1}{2}\vec{c}-\dfrac{1}{3}\vec{b},\ \overrightarrow{PR}=2\vec{c}-\dfrac{4}{3}\vec{b}$
(2) 略 (3) $1:3$ に内分する点

215 略

216 略

217 (1) $\overrightarrow{AP}=\dfrac{2}{3}\vec{b}+\dfrac{1}{9}\vec{c}$ (2) $1:6$

218 $\overrightarrow{AP}=\dfrac{3}{5}\vec{b}+\dfrac{2}{5}\vec{d}$

219 (1) $\overrightarrow{BP}=\dfrac{2}{13}\vec{a}+\dfrac{3}{13}\vec{c}$ (2) $5:8$

220 (1) $\overrightarrow{AG}=\dfrac{2}{3}\vec{b}+\dfrac{2}{3}\vec{d}$
(2) $\overrightarrow{AS}=\dfrac{3}{8}\vec{b}+\dfrac{3}{8}\vec{d}$ (3) $\dfrac{21}{2}$

221 (1) $\overrightarrow{AF}=\dfrac{3}{7}\vec{a}+\dfrac{10}{7}\vec{b},$
$\overrightarrow{AP}=\dfrac{1}{3}\vec{a}+\dfrac{2}{3}\vec{b}$
(2) 証明は略，$EP:PF=7:8$

222 (1) 点 E は点 C に一致する。

(2) $x<1$

223 略　　**224** 略

225 $1:6$

226 (1) $|\overrightarrow{OA}|^2+|\overrightarrow{BC}|^2$
$=|\vec{a}|^2+|\vec{b}|^2+|\vec{c}|^2-2\vec{b}\cdot\vec{c}$
$|\overrightarrow{OB}|^2+|\overrightarrow{AC}|^2=|\vec{a}|^2+|\vec{b}|^2+|\vec{c}|^2-2\vec{a}\cdot\vec{c}$
(2) 略

227 (1) $\dfrac{26}{9}$　(2) $\dfrac{2\sqrt{7}}{3}$

228 $\overrightarrow{AI}=\dfrac{4}{15}\vec{b}+\dfrac{1}{3}\vec{c}$

229 (1) $\dfrac{45}{2}$　(2) 略　(3) $t=\dfrac{9}{10}$　(4) 略

230 $\overrightarrow{AO}=\dfrac{4}{9}\vec{b}+\dfrac{1}{6}\vec{c}$

231 正三角形

232 (1) $\overrightarrow{CG}=\dfrac{\vec{a}+\vec{b}}{3}$

(2) $m=\dfrac{2k-1}{3}$, $n=\dfrac{2-k}{3k}$

(3) $\overrightarrow{CH}=\dfrac{2-k}{3}\vec{a}+\dfrac{2k-1}{3k}\vec{b}$

(4) 略

233 略

234 (1) $\begin{cases} x=-2+t \\ y=-3+2t \end{cases}$
$2x-y+1=0$　$(y=2x+1)$

(2) $\begin{cases} x=2+3t \\ y=1-2t \end{cases}$
$2x+3y-7=0$　$\left(y=-\dfrac{2}{3}x+\dfrac{7}{3}\right)$

235 (1) $\begin{cases} x=6-8t \\ y=1+2t \end{cases}$
$x+4y-10=0$　$\left(y=-\dfrac{1}{4}x+\dfrac{5}{2}\right)$

(2) $\begin{cases} x=-3+4t \\ y=-1+3t \end{cases}$
$3x-4y+5=0$　$\left(y=\dfrac{3}{4}x+\dfrac{5}{4}\right)$

236 (1) $x-3y-10=0$　$\left(y=\dfrac{1}{3}x-\dfrac{10}{3}\right)$

(2) $2x+y-11=0$　$(y=-2x+11)$

237 (1) $(x-3)^2+(y+1)^2=4$
(2) $(x+1)^2+(y-1)^2=13$
(3) $(x-4)^2+(y-3)^2=8$

$x+y-3=0$

238 略
239 略

240 (1) $x-y+8=0$　(2) $y=\dfrac{11}{3}x$

241 (1) 点 P は点 A を通り OB に垂直な直線上
(2) 点 P は点 A を中心とし，半径が OA の円周上

242 点 $(3, 1)$ を中心とする半径 2 の円

243 (1) $\theta=45°$　(2) $\theta=45°$

244 (1) 10
(2) 円の中心の位置ベクトルは $\vec{a}-\vec{b}$,
半径は $4\sqrt{7}$
(3) 円の中心の位置ベクトルは $\dfrac{2\vec{a}+\vec{b}}{4}$,
半径は $\sqrt{2}$

245 (1) $\overrightarrow{OC}=\dfrac{1}{6}\vec{a}+\dfrac{1}{3}\vec{b}$　(2) $\overrightarrow{OD}=\dfrac{1}{3}\vec{b}$
(3) D を中心とする半径 2 の円

246 (1) 辺 DC，辺 HG，辺 EF
(2) 辺 DH，辺 CG，辺 EH，辺 FG

247 A$(1, 3, 0)$, B$(0, 3, 5)$, C$(1, 0, 5)$

248 (1) $(1, 2, -3)$　(2) $(-1, 2, 3)$
(3) $(1, -2, 3)$　(4) $(1, -2, -3)$
(5) $(-1, 2, -3)$　(6) $(-1, -2, 3)$
(7) $(-1, -2, -3)$

249 順に $z=2$, $x=1$, $y=-3$

250 (1) 3　(2) $\sqrt{33}$　(3) 5　(4) $\sqrt{6}$

251 (1) 正三角形
(2) AB$=$BC の二等辺三角形
(3) $\angle$A$=90°$ の直角三角形

252 順に，$(9, 0, 0)$, $(0, 0, 9)$

253 (1) $\overrightarrow{AF}=\vec{a}+\vec{c}$　(2) $\overrightarrow{DB}=\vec{a}-\vec{b}$
(3) $\overrightarrow{EC}=\vec{a}+\vec{b}-\vec{c}$　(4) $\overrightarrow{BH}=-\vec{a}+\vec{b}+\vec{c}$
(5) $\overrightarrow{GA}=-\vec{a}-\vec{b}-\vec{c}$
(6) $\overrightarrow{FD}=-\vec{a}+\vec{b}-\vec{c}$
(7) $\overrightarrow{CM}=-\dfrac{1}{2}\vec{a}-\vec{b}+\vec{c}$

254 順に
(1) $(2, -4, 2)$, $2\sqrt{6}$
(2) $(9, -6, -3)$, $3\sqrt{14}$
(3) $(-2, 0, 2)$, $2\sqrt{2}$

(4) $(-8, 4, 4)$, $4\sqrt{6}$

(5) $(2, 4, -6)$, $2\sqrt{14}$

(6) $(0, -8, 8)$, $8\sqrt{2}$

255 順に

(1) $(1, 2, -2)$, 3

(2) $(-1, 4, -1)$, $3\sqrt{2}$

(3) $(-4, -2, 5)$, $3\sqrt{5}$

256 $\mathrm{C}\left(\dfrac{1\pm3\sqrt{3}}{2}, 0, \dfrac{1\pm3\sqrt{3}}{2}\right)$ （複号同順）

257 (1) $\vec{p}=2\vec{a}+3\vec{b}+\vec{c}$

(2) $\vec{q}=\vec{a}-4\vec{b}+3\vec{c}$

258 (1) $(3x+2, x, -2x-4)$

(2) $x=-1$ のとき最小値 $\sqrt{6}$，
点 B の座標は $(-3, -2, 1)$

259 $x=3$, $y=-2$, $z=7$

260 (1) $x=-6$, $y=-3$

(2) $x=-6$, $y=-3$

261 $\vec{p}=\left(\pm\dfrac{4}{3}, \mp\dfrac{4}{3}, \pm\dfrac{2}{3}\right)$ （複号同順）

262 (1) $\mathrm{D}\left(\dfrac{6\pm2\sqrt{3}}{3}, \dfrac{6\pm2\sqrt{3}}{3}, \dfrac{6\pm2\sqrt{3}}{3}\right)$
（複号同順）

(2) $(2, 4, 2)$

263 (1) 8

(2) 最小値 $\dfrac{\sqrt{38}}{2}$，P の座標 $\left(\dfrac{3}{2}, \dfrac{5}{2}, 0\right)$

264 (1) 略 (2) 略

(3) $x=-\dfrac{1}{2}$, $y=-\dfrac{1}{2}$, $z=\dfrac{3}{2}$

265 略

266 (1) 1 (2) 0 (3) 1 (4) -1 (5) 0

(6) 1

267 (1) $\vec{a}\cdot\vec{b}=3$, $\theta=30°$

(2) $\vec{a}\cdot\vec{b}=-15$, $\theta=135°$

(3) $\vec{a}\cdot\vec{b}=0$, $\theta=90°$

268 (1) $x=-5$ (2) $x=2$

269 (1) $x=-1$ (2) $x=3$ (3) $x=-2$

270 (1) $\vec{x}=\left(2, \dfrac{1}{2}, -\dfrac{5}{2}\right)$ のとき，
$|\vec{x}|$ の最小値 $\dfrac{\sqrt{42}}{2}$

(2) 略

271 $\vec{e}=\left(\pm\dfrac{1}{\sqrt{14}}, \pm\dfrac{3}{\sqrt{14}}, \mp\dfrac{2}{\sqrt{14}}\right)$

（複号同順）

272 (1) $\overrightarrow{\mathrm{AB}}=(4, -1, -1)$, $|\overrightarrow{\mathrm{AB}}|=3\sqrt{2}$,
$\overrightarrow{\mathrm{AC}}=(2, -2, 1)$, $|\overrightarrow{\mathrm{AC}}|=3$

(2) 9 (3) $45°$ (4) $\dfrac{9}{2}$

273 $-\dfrac{1}{6}$

274 $-\dfrac{1}{3}$

275 略

276 (1) $\overrightarrow{\mathrm{AG}}=\vec{a}+\vec{b}+\vec{c}$, $\overrightarrow{\mathrm{BH}}=-\vec{a}+\vec{b}+\vec{c}$

(2) -6 (3) $\theta=120°$

277 (1) $l=\sqrt{x^2+2y^2+\sqrt{3}\,x+2\sqrt{3}\,y+3}$

(2) $x=-\dfrac{\sqrt{3}}{2}$, $y=-\dfrac{\sqrt{3}}{2}$ のとき，最小値
$\dfrac{\sqrt{3}}{2}$

278 (1) 中点 $\left(\dfrac{7}{2}, \dfrac{9}{2}, \dfrac{1}{2}\right)$,
内分点 $(4, 5, 0)$,
外分点 $(16, 17, -12)$

(2) 中点 $\left(-\dfrac{1}{2}, \dfrac{5}{2}, \dfrac{3}{2}\right)$,
内分点 $(-1, 2, 2)$,
外分点 $(-13, -10, 14)$

279 (1) $\mathrm{G}(2, -1, 0)$ (2) $\mathrm{D}(6, -5, 8)$

280 $\mathrm{C}(5, -6, -1)$

281 (1) $\overrightarrow{\mathrm{AB}}=\vec{b}-\vec{a}$, $\overrightarrow{\mathrm{BC}}=\vec{c}-\vec{b}$

(2) $\vec{p}=\dfrac{2\vec{a}+\vec{b}}{3}$ (3) $\vec{q}=\dfrac{5\vec{a}-2\vec{b}}{3}$

(4) $\vec{g}=\dfrac{\vec{a}+\vec{b}+\vec{c}}{3}$

282 (1) $\overrightarrow{\mathrm{PC}}=\vec{a}+\dfrac{2}{3}\vec{b}$

(2) $\overrightarrow{\mathrm{AQ}}=\vec{a}+\dfrac{2}{3}\vec{b}+\vec{c}$

(3) $\overrightarrow{\mathrm{PQ}}=\vec{a}+\dfrac{1}{3}\vec{b}+\vec{c}$

(4) $\overrightarrow{\mathrm{AG}}=\dfrac{2}{3}\vec{a}+\dfrac{2}{3}\vec{b}+\dfrac{1}{3}\vec{c}$

283 (1) $(x-2)^2+(y+1)^2+(z-5)^2=9$

(2) $(x-1)^2+(y+2)^2+(z-3)^2=9$

(3) $(x-1)^2+(y+2)^2+(z-5)^2=22$

(4) $(x-3)^2+(y-3)^2+(z-3)^2=9$
$(x-9)^2+(y-9)^2+(z-9)^2=81$

（複号同順）

284 成り立たない。

285 略

286 $A(2, 0, 0)$, $B(0, 4, -2)$

287 略

288 略

289 (1) $\overrightarrow{ON}=\dfrac{1}{5}(2\vec{a}+\vec{b}+\vec{c})$,

$\overrightarrow{OG}=\dfrac{1}{3}(\vec{b}+\vec{c})$

(2) 略

290 (1) $\overrightarrow{OI}=\left(1-\dfrac{1}{2}t\right)\vec{a}+t\vec{c}+(1-t)\vec{d}$

(2) $\overrightarrow{OJ}=(1-s)\vec{a}+\left(\dfrac{3}{4}-\dfrac{1}{4}s\right)\vec{c}+s\vec{d}$

(3) $2:1$

291 (1) $\overrightarrow{AM}=\dfrac{1}{3}(\vec{a}+\vec{b}+\vec{c})$

(2) 証明は略, $AM:MG=1:2$

292 (1) $\overrightarrow{OP}=(1-t)\vec{a}+t\vec{b}$ (2) $(3, 0, 3)$

293 (1) $\dfrac{2}{3}$ (2) $\dfrac{\sqrt{2}}{2}$

294 $H(2, 1, -1)$

295 略

296 $\sqrt{2}$

297 $P(2, 1, 0)$, $3\sqrt{14}$

298 (1) $x=9$ (2) $x=3$

299 $\overrightarrow{OP}=\dfrac{1}{5}\vec{a}+\dfrac{1}{5}\vec{b}+\dfrac{3}{5}\vec{c}$

300 (1) 中心 $(3, -2, 0)$, 半径 3 の円
(2) 中心 $(0, 2, 6)$, 半径 $\sqrt{11}$ の円

301 (1) $PQ/\!/FH$ の等脚台形
(2) $R(2, 2, 1)$

302 (1) $(1-s-t)\vec{a}+\dfrac{s}{2}\vec{b}+\dfrac{t}{2}\vec{c}$

$(s\geqq0, \ t\geqq0, \ s+t\leqq1)$

(2) $\overrightarrow{OM}=\dfrac{1}{5}(\vec{a}+\vec{b}+\vec{c})$

303 (1) $\overrightarrow{PQ}=\dfrac{1}{2}\vec{b}$, $\overrightarrow{PR}=\dfrac{1}{2}(-\vec{a}+\vec{b}+\vec{c})$,

$\overrightarrow{PS}=\dfrac{1}{2}(-\vec{a}+\vec{c})$

(2)(3) 略

304 (1) $(x-1)^2+(y-3)^2+(z-5)^2=35$
(2) $(x+2)^2+(y-4)^2+(z-3)^2=15$
(3) $x^2+(y-3)^2+(z+1)^2=9$

305 略

306 順に (1) $3+2i$, $-3-2i$, $-3+2i$
(2) $-2+4i$, $2-4i$, $2+4i$

307 略

308 略

309 (1) 5 (2) $5\sqrt{2}$ (3) $4\sqrt{2}$
(4) $2\sqrt{2}$ (5) $2\sqrt{3}-\sqrt{2}$

310 (1) $3\sqrt{5}$ (2) 3 (3) 10 (4) $\sqrt{29}$

311 $a=1$, $b=-2$

312 $z=-1+3i$ または $z=-3-i$

313 $\alpha=\dfrac{1}{2}-\dfrac{1}{2}i$, $z=i$

314 (1) $a=\dfrac{z+\bar{z}}{2}$

(2) $b=-\dfrac{z-\bar{z}}{2}i$

(3) $a-b=\dfrac{1+i}{2}z+\dfrac{1-i}{2}\bar{z}$

(4) $a^2-b^2=\dfrac{z^2+(\bar{z})^2}{2}$

315 $|z|=1$ または $|\alpha|=\dfrac{1}{2}$

316 略

317 略

318 (1) $\alpha\beta=9$, $\alpha^3+\beta^3=46$

(2) $\alpha=\dfrac{3\pm\sqrt{3}\,i}{6}$, $\beta=\dfrac{-3\pm\sqrt{3}\,i}{6}$

(複号同順)

319 略

320 $z=\pm1$, $\dfrac{-1\pm\sqrt{3}\,i}{2}$

321 絶対値と偏角は略

(1) $z=\sqrt{2}\left(\cos\dfrac{3}{4}\pi+i\sin\dfrac{3}{4}\pi\right)$

(2) $z=2\left(\cos\dfrac{11}{6}\pi+i\sin\dfrac{11}{6}\pi\right)$

(3) $z=2\left(\cos\dfrac{3}{4}\pi+i\sin\dfrac{3}{4}\pi\right)$

(4) $z=\sqrt{3}\left(\cos\dfrac{7}{6}\pi+i\sin\dfrac{7}{6}\pi\right)$

(5) $z=2(\cos\pi+i\sin\pi)$

(6) $z=3\left(\cos\dfrac{3}{2}\pi+i\sin\dfrac{3}{2}\pi\right)$

322 絶対値と偏角は略

(1) $2z_1=4\left(\cos\dfrac{5}{6}\pi+i\sin\dfrac{5}{6}\pi\right)$

(2) $iz_2 = \cos\dfrac{5}{6}\pi + i\sin\dfrac{5}{6}\pi$

(3) $z_1 z_2 = 2\left(\cos\dfrac{7}{6}\pi + i\sin\dfrac{7}{6}\pi\right)$

(4) $\dfrac{z_2}{z_1} = \dfrac{1}{2}\left\{\cos\left(-\dfrac{\pi}{2}\right) + i\sin\left(-\dfrac{\pi}{2}\right)\right\}$

323 (1) zi は z を原点の回りに $\dfrac{\pi}{2}$ 回転させた点。

(2) $(-1+\sqrt{3}\,i)z$ は z を原点の回りに $\dfrac{2}{3}\pi$ 回転させ，原点からの距離を 2 倍させた点。

(3) $i\bar{z}$ は，z を実軸に対称に移動し，原点の回りに $\dfrac{\pi}{2}$ 回転させた点。

(4) $\dfrac{z}{1-i}$ は z を原点の回りに $\dfrac{\pi}{4}$ 回転させ，原点からの距離を $\dfrac{1}{\sqrt{2}}$ 倍させた点。

324 (1) $\dfrac{z_1}{z_2} = \sqrt{2}\left(\cos\dfrac{\pi}{12} + i\sin\dfrac{\pi}{12}\right)$

(2) $\dfrac{z_1}{z_2} = \dfrac{\sqrt{3}+1}{2} + \dfrac{\sqrt{3}-1}{2}i$

(3) $\cos\dfrac{\pi}{12} = \dfrac{\sqrt{6}+\sqrt{2}}{4}$,
$\sin\dfrac{\pi}{12} = \dfrac{\sqrt{6}-\sqrt{2}}{4}$

325 i

326 (1) $\cos\theta + i\sin\theta$

(2) $\cos\left(\dfrac{\pi}{2}-\theta\right) + i\sin\left(\dfrac{\pi}{2}-\theta\right)$

327 $a = b = \dfrac{\sqrt{3}-1}{2}$

328 $r=1$ かつ $\dfrac{\pi}{2} < \theta < \dfrac{3}{2}\pi$
または，$r>0$, $\theta = \pi$

329 (1) $-\dfrac{1}{2} - \dfrac{\sqrt{3}}{2}i$

(2) $-\dfrac{\sqrt{3}}{2} + \dfrac{1}{2}i$ (3) -1

(4) $-\dfrac{\sqrt{2}}{2} - \dfrac{\sqrt{2}}{2}i$

330 (1) -64

(2) $128(-1+\sqrt{3}\,i)$

(3) $-8i$

(4) i

331 (1) 2 (2) -2

332 (1) $z = \cos\left(\pm\dfrac{\pi}{4}\right) + i\sin\left(\pm\dfrac{\pi}{4}\right)$
（複号同順）

(2) $\sqrt{2}$

333 図は略

(1) $z = \dfrac{\sqrt{3}}{2} + \dfrac{1}{2}i$, $-\dfrac{\sqrt{3}}{2} + \dfrac{1}{2}i$, $-i$

(2) $z = \dfrac{\sqrt{2}}{2} \pm \dfrac{\sqrt{2}}{2}i$, $-\dfrac{\sqrt{2}}{2} \pm \dfrac{\sqrt{2}}{2}i$
$\left(z = \pm\dfrac{\sqrt{2}}{2} \pm \dfrac{\sqrt{2}}{2}i \quad\text{（複号任意）}\right)$

(3) $z = \pm i$, $\dfrac{\sqrt{3}}{2} \pm \dfrac{1}{2}i$, $-\dfrac{\sqrt{3}}{2} \pm \dfrac{1}{2}i$

334 (1) $z = \dfrac{\sqrt{6}}{2} + \dfrac{\sqrt{2}}{2}i$, $-\dfrac{\sqrt{6}}{2} - \dfrac{\sqrt{2}}{2}i$

(2) $z = \pm\left(\dfrac{\sqrt{2}}{2} + \dfrac{\sqrt{6}}{2}i\right)$, $\pm\left(\dfrac{\sqrt{6}}{2} - \dfrac{\sqrt{2}}{2}i\right)$

(3) $z = 1+i$, $-\dfrac{\sqrt{3}+1}{2} + \dfrac{\sqrt{3}-1}{2}i$,
$\dfrac{\sqrt{3}-1}{2} - \dfrac{\sqrt{3}+1}{2}i$

335 略

336 (1) 0 (2) 0

337 $(z_1,\ z_2) = (i,\ i)$,
$\left(-\dfrac{\sqrt{3}}{2} - \dfrac{1}{2}i,\ \dfrac{\sqrt{3}}{2} - \dfrac{1}{2}i\right)$,
$\left(\dfrac{\sqrt{3}}{2} - \dfrac{1}{2}i,\ -\dfrac{\sqrt{3}}{2} - \dfrac{1}{2}i\right)$

338 略

339 $n=12$, $z_{12} = -64$

340 (1) $\alpha = \cos\left(\pm\dfrac{\pi}{3}\right) + i\sin\left(\pm\dfrac{\pi}{3}\right)$
（複号同順）

(2) 略

341 (1) $r=1$, $\theta = \dfrac{2}{5}\pi$

(2) $z^4 + z^3 + z^2 + z + 1 = 0$

(3) $t^2 + t - 1 = 0$

(4) $a = \dfrac{-1+\sqrt{5}}{4}$

342 (1) $M(4+i)$

(2) $C\left(3 + \dfrac{5}{2}i\right)$

(3) $D(7i)$

(4) $E(10-8i)$

343 $4+i$

344
(1) 点 i を中心とする半径 2 の円。
(2) 点 $-1+2i$ を中心とする半径 1 の円。
(3) 点 $-\dfrac{1}{2}$ を中心とする半径 $\dfrac{1}{2}$ の円。
(4) 点 $\dfrac{2}{3}+\dfrac{1}{3}i$ を中心とする半径 1 の円。

345
(1) 点 2 と点 $2i$ を結ぶ線分の垂直二等分線。
(2) 点 -1 と点 $2-i$ を結ぶ線分の垂直二等分線。

346
(1) $-i$ を中心とする半径 1 の円。
(2) 点 1 を中心とする半径 3 の円。
(3) 点 $-1+2i$ を中心とする半径 $\dfrac{1}{2}$ の円。

347 (1) $x=5$ (2) $x=0,\ 2$

348 (1) $\dfrac{\pi}{4}$ (2) $\dfrac{2}{3}\pi$

349 $B(-1+5i)$, $C(-3+2i)$

350
(1) 原点を中心とする半径 2 の円。
(2) 点 $2+i$ を中心とする半径 $\sqrt{10}$ の円。

351
(1) 点 -1 と点 1 を結ぶ線分の垂直二等分線 （虚軸）。
(2) 原点 O と点 $2i$ を結ぶ線分の垂直二等分線。
(3) 点 $-\dfrac{1}{3}i$ を中心とする半径 $\dfrac{2}{3}$ の円。
(4) 点 $4+2i$ を中心とする半径 $2\sqrt{5}$ の円。

352 原点を中心とする半径 2 の円または実軸。ただし，原点は除く。　**353** 略

354 2 直線 $y=\pm x$，ただし，$x\neq 0$

355 z が純虚数

356 $(1+2\sqrt{3})+(7+\sqrt{3})i$

357 (1) i (2) $\dfrac{\pi}{2}$
(3) $AB=AC$, $\angle BAC=\dfrac{\pi}{2}$ の直角二等辺三角形。

358
(1) $\angle AOB=\dfrac{\pi}{4}$, $OA=OB$ の二等辺三角形。
(2) $\angle OAB=\dfrac{\pi}{6}$, $\angle BOA=\dfrac{\pi}{2}$, $\angle AOB=\dfrac{\pi}{3}$

の直角三角形。

359 $AB:BC=2:1$, $\angle ABC=\dfrac{\pi}{2}$ の直角三角形。

360 点 $\dfrac{1}{4}$ を中心とする半径 $\dfrac{3}{4}$ の円。ただし，原点は除く。

361 点 $-\dfrac{i}{2}$ を中心とし，半径 $\dfrac{1}{2}$ の円。$z\neq 0$ より原点は除く。

362 略
363 略
364 (1) 最大値 3，最小値 1
(2) $\dfrac{5}{6}\pi\leqq\theta\leqq\dfrac{7}{6}\pi$

365 略

366 $\dfrac{\pi}{6}$

367 (1) $\dfrac{1}{\sqrt{5}}+\dfrac{2}{\sqrt{5}}i$
(2) $-\dfrac{14}{5}+\dfrac{2}{5}i$
(3) $\dfrac{3\sqrt{10}}{2}$

368 (1) $y^2=8x$
(2) $y^2=-x$

369 図は略
(1) 焦点 $(1,\ 0)$, 準線 $x=-1$
(2) 焦点 $(-2,\ 0)$, 準線 $x=2$
(3) 焦点 $\left(\dfrac{1}{8},\ 0\right)$, 準線 $x=-\dfrac{1}{8}$

370 (1) $x^2=2y$
(2) $x^2=-4y$

371 図は略
(1) 焦点 $\left(0,\ \dfrac{1}{4}\right)$, 準線 $y=-\dfrac{1}{4}$
(2) 焦点 $\left(0,\ -\dfrac{1}{2}\right)$, 準線 $y=\dfrac{1}{2}$
(3) 焦点 $\left(0,\ \dfrac{3}{8}\right)$, 準線 $y=-\dfrac{3}{8}$

372 (1) $y^2=-4x$
(2) $x^2=2y$

373 略
374 略
375 (1) $y^2=x$, 焦点 $\left(\dfrac{1}{4},\ 0\right)$, 準線 $x=-\dfrac{1}{4}$

(2) $x^2=-4y$, 焦点 $(0, -1)$, 準線 $y=1$

(3) $x^2=-\dfrac{1}{3}y$, 焦点 $\left(0, -\dfrac{1}{12}\right)$,

準線 $y=\dfrac{1}{12}$

(4) $y^2=8x$, 焦点 $(2, 0)$, 準線 $x=-2$

376 (1) 放物線 $y^2=4x$

(2) 放物線 $x^2=-8y$

(3) 放物線 $y^2=-4x$

377 略

378 $p=\dfrac{1}{2}$

379 略

380 図は略

(1) 焦点は $(\pm\sqrt{7}, 0)$
長軸の長さは 8，短軸の長さは 6

(2) 焦点は $(\pm1, 0)$
長軸の長さは $2\sqrt{5}$，短軸の長さは 4

381 図は略

(1) 焦点は $(0, \pm\sqrt{3})$
長軸の長さは 4，短軸の長さは 2

(2) 焦点は $(0, \pm\sqrt{3})$
長軸の長さは $2\sqrt{6}$，短軸の長さは $2\sqrt{3}$

382 (1) $\dfrac{x^2}{25}+\dfrac{y^2}{9}=1$ (2) $\dfrac{x^2}{25}+\dfrac{y^2}{16}=1$

(3) $x^2+\dfrac{y^2}{16}=1$ (4) $\dfrac{x^2}{7}+\dfrac{y^2}{4}=1$

383 (1) 楕円 $\dfrac{x^2}{16}+\dfrac{y^2}{64}=1$

(2) 楕円 $\dfrac{x^2}{36}+\dfrac{y^2}{25}=1$

(3) 円 $x^2+y^2=9$ (4) 円 $x^2+y^2=16$

384 略

385 (1) $\dfrac{x^2}{14}+\dfrac{y^2}{9}=1$ (2) $\dfrac{x^2}{9}+\dfrac{y^2}{6}=1$

(3) $\dfrac{x^2}{12}+\dfrac{y^2}{4}=1$

386 (1) 楕円 $\dfrac{x^2}{4}+y^2=1$

(2) 楕円 $\dfrac{x^2}{36}+\dfrac{y^2}{9}=1$

387 楕円 $\dfrac{x^2}{a^2}+\dfrac{y^2}{b^2}=1$

388 $\dfrac{\sqrt{6}}{3}$

389 略

390 略

391 略

392 略

393 図は略

(1) 頂点は $(\pm3, 0)$
焦点は $(\pm\sqrt{13}, 0)$
漸近線は $y=\pm\dfrac{2}{3}x$

(2) 頂点は $\left(\pm\dfrac{1}{2}, 0\right)$
焦点は $\left(\pm\dfrac{\sqrt{3}}{2}, 0\right)$
漸近線は $y=\pm\sqrt{2}\,x$

(3) 頂点は $(\pm2, 0)$
焦点は $\left(\pm\dfrac{2}{3}\sqrt{10}, 0\right)$
漸近線は $y=\pm\dfrac{1}{3}x$

394 図は略

(1) 頂点は $(0, \pm3)$
焦点は $(0, \pm5)$
漸近線は $y=\pm\dfrac{3}{4}x$

(2) 頂点は $(0, \pm1)$
焦点は $\left(0, \pm\dfrac{\sqrt{5}}{2}\right)$
漸近線は $y=\pm2x$

(3) 頂点は $(0, \pm\sqrt{2})$
焦点は $(0, \pm2)$
漸近線は $y=\pm x$

395 (1) $\dfrac{x^2}{9}-\dfrac{y^2}{16}=1$

(2) $\dfrac{x^2}{3}-y^2=-1$

(3) $4x^2-y^2=-1$

(4) $\dfrac{x^2}{4}-\dfrac{y^2}{5}=1$

396 略

397 略

398 略

399 (1) $\dfrac{x^2}{4}-\dfrac{y^2}{9}=1$ (2) $\dfrac{x^2}{4}-\dfrac{y^2}{12}=-1$

(3) $\dfrac{x^2}{3}-\dfrac{y^2}{12}=1$

400 (1) 双曲線の一部で

$$4x^2 - \frac{4}{15}y^2 = 1 \quad \left(x \geq \frac{1}{2}\right)$$

(2) 双曲線 $x^2 - \dfrac{y^2}{3} = 1$

(3) 双曲線 $\dfrac{4}{15}x^2 - 4y^2 = -1$

401 略

402 略

403 略

404 (1) $\dfrac{(x-2)^2}{4} + \dfrac{(y+3)^2}{9} = 1$

(2) $\dfrac{(x-2)^2}{16} - \dfrac{(y+3)^2}{25} = 1$

(3) $(y+3)^2 = 2(x-2)$

405 (1) x 軸方向に -1, y 軸方向に 2

(2) x 軸方向に -3, y 軸方向に -2

(3) x 軸方向に 1, y 軸方向に -3

406 図は略

(1) 楕円で, 中心は $(2, -1)$
　　焦点は $(3, -1)$, $(1, -1)$

(2) 双曲線で, 中心は $(-1, 2)$
　　焦点は $(-1, 2\pm\sqrt{13})$
　　漸近線は, $y = \dfrac{2}{3}x + \dfrac{8}{3}$, $y = -\dfrac{2}{3}x + \dfrac{4}{3}$

(3) 放物線で, 頂点は $(-1, 2)$
　　焦点は $\left(-1, \dfrac{9}{4}\right)$, 準線は $y = \dfrac{7}{4}$

(4) 放物線で, 頂点は $\left(-\dfrac{1}{4}, 1\right)$
　　焦点は $\left(\dfrac{3}{4}, 1\right)$, 準線は $x = -\dfrac{5}{4}$

(5) 楕円で, 中心は $(0, 1)$
　　焦点は $(\pm\sqrt{3}, 1)$

(6) 双曲線で, 中心は $(1, 1)$
　　焦点は $\left(1\pm\dfrac{\sqrt{6}}{2}, 1\right)$
　　漸近線は
　　$y = \sqrt{2}\,x - \sqrt{2} + 1$,
　　$y = -\sqrt{2}\,x + \sqrt{2} + 1$

407 (1) $(y+1)^2 = 8x$

(2) $(x-3)^2 = 4(y+1)$

(3) $y^2 = 4(x+1)$ または $y^2 = -4(x-1)$

408 (1) $(x-2)^2 + \dfrac{(y-2)^2}{10} = 1$

(2) $\dfrac{(x-1)^2}{25} + \dfrac{(y-2)^2}{16} = 1$

(3) $\dfrac{(x-1)^2}{\dfrac{4}{3}} + \dfrac{(y-2)^2}{4} = 1$

409 (1) $\dfrac{(x-1)^2}{2} - \dfrac{(y-2)^2}{2} = 1$

(2) $\dfrac{x^2}{5} - \dfrac{(y-2)^2}{4} = -1$

(3) $(x+1)^2 - \dfrac{(y-1)^2}{8} = 1$

410 (1) 楕円 $\dfrac{x^2}{2} + y^2 = 1$

(2) 放物線 $x^2 = 4y$

411 (1) $(y-2)^2 = -2(x-6)$

(2) $\dfrac{(x-8)^2}{16} + \dfrac{(y-6)^2}{9} = 1$

(3) $2x^2 - (y+4)^2 = 1$

412 双曲線 $x^2 - y^2 = 1$

413 (1) 双曲線 $\dfrac{x^2}{2} - \dfrac{y^2}{2} = -1$

(2) 楕円 $\dfrac{x^2}{3} + y^2 = 1$

414 (1) 楕円 $\dfrac{x^2}{3} + y^2 = 1$

(2) $(1, -1)$, $(-1, 1)$

415 (1) 共有点をもち,
$$\left(\sqrt{2}, \frac{3\sqrt{2}}{2}\right), \left(-\sqrt{2}, -\frac{3\sqrt{2}}{2}\right)$$

(2) 共有点はない。

(3) 共有点を 1 つもち, $(2, 3)$

(4) 共有点はない。

(5) 共有点をもち, $(1, -2)$, $(4, 4)$

(6) 共有点を 1 つもち, $\left(-\dfrac{1}{2}, 1\right)$

416 (1) $-3\sqrt{2} < k < 3\sqrt{2}$ のとき 2 個
　　　$k = \pm 3\sqrt{2}$ のとき 1 個
　　　$k < -3\sqrt{2}$, $3\sqrt{2} < k$ のとき 0 個

(2) 2 個

(3) $-1 < k < 0$, $0 < k < 1$ のとき, 2 個
　　$k = 0$, ± 1 のとき, 1 個
　　$k < -1$, $1 < k$ のとき, 0 個

417 略

418 (1) $-2\sqrt{10} < k < 2\sqrt{10}$

(2) $k = \pm\dfrac{2}{3}\sqrt{10}$

(3) $\mathrm{M}\left(-\dfrac{9}{20}k,\ \dfrac{1}{10}k\right)$

(4) 線分
$$y=-\dfrac{2}{9}x \quad \left(-\dfrac{9}{10}\sqrt{10}<x<\dfrac{9}{10}\sqrt{10}\right)$$

419 (1) $y=x-1,\ y=-x+1$

(2) 放物線 $y^2=2(x-1)$

420 楕円の一部
$$(x-1)^2+\dfrac{y^2}{4}=1 \quad \left(0\leqq x<\dfrac{1}{2}\right)$$

421 (1) $y=x+2$

(2) $y=-4x+8$

(3) $2x-y=4$

(4) $\sqrt{2}\,x+2y=4$

(5) $\sqrt{3}\,x-y=2$

(6) $x+2y=2$

422 (1) $k=\sqrt{5}$ のとき，$\left(-\dfrac{\sqrt{5}}{3},\ \dfrac{4}{3}\right)$

$k=-\sqrt{5}$ のとき，$\left(\dfrac{\sqrt{5}}{3},\ \dfrac{4}{3}\right)$

(2) $k=\sqrt{2}$ のとき，$(-2\sqrt{2},\ -\sqrt{2})$

$k=-\sqrt{2}$ のとき，$(2\sqrt{2},\ \sqrt{2})$

423 (1) $y=\pm(x+1)$

(2) $y=\pm\dfrac{\sqrt{5}}{3}x+3$

(3) $y=x\pm\sqrt{3}$

424 (1) $y=\dfrac{1}{2}x+2,\ y=-x-1$

(2) $x-6y=-10,\ 3x+2y=10$

(3) $x=2,\ -9x+8y=30$

(4) $5x-y=7,\ y-x=1$

425 略

426 $a=\dfrac{1}{\sqrt{2}}$

427 (1) 直線 $x=-p$

(2) 円 $x^2+y^2=5$

428 略

429 略

430 (1) $\mathrm{Q}\left(\dfrac{a^2b}{bx_0-ay_0},\ \dfrac{ab^2}{bx_0-ay_0}\right)$

$\mathrm{R}\left(\dfrac{a^2b}{bx_0+ay_0},\ \dfrac{-ab^2}{bx_0+ay_0}\right)$

(2)，(3)は略

431 略

432 (1) 放物線 $y^2=4(x-3)$

(2) 双曲線 $\dfrac{(x-1)^2}{3}-\dfrac{y^2}{6}=1$

(3) 楕円 $\dfrac{(x-6)^2}{8}+\dfrac{y^2}{4}=1$

433 略

434 略

435 $-6\sqrt{2}\leqq 2x-3y\leqq 6\sqrt{2}$

436 (1) 面積の最大値は $2ab$

2辺の長さは $\sqrt{2}\,a,\ \sqrt{2}\,b$

(2) ab

437 (1) 2

(2) $\left(\sqrt{\dfrac{2}{a+b}},\ \sqrt{\dfrac{b-a}{a+b}}\right)$

(3) 略

438 (1) $x^2+y^2-2xy-2x-2y+1=0$

(2) 略

439 図は略

(1) 直線 $y=2x-5$

(2) 線分 $y=\dfrac{1}{3}x+\dfrac{7}{3} \quad (-7\leqq x\leqq 8)$

(3) 放物線 $y=-\dfrac{1}{4}x^2+1$

(4) 放物線 $y=x^2-2$ の $0\leqq x\leqq 2$ の部分。

(5) 放物線 $y=2x^2-1$ の $-1\leqq x\leqq 1$ の部分。

(6) 放物線 $y=x^2+2$ の $x\geqq 1$ の部分。

440 図は略

(1) 楕円 $\dfrac{(x-3)^2}{9}+\dfrac{y^2}{4}=1$

(2) 円 $(x+1)^2+(y-1)^2=4$ の $y\geqq 1$ または $x\geqq -1$ の部分。

(3) 楕円 $(x-4)^2+\dfrac{(y-2)^2}{4}=1$ の $y\leqq 2$ の部分。

(4) 双曲線 $x^2-\dfrac{y^2}{4}=1$ の $x>0$ の部分。

441 (1) $x=2\cos\theta,\ y=2\sin\theta$

(2) $x=3\cos\theta+1,\ y=3\sin\theta-2$

(3) $x=2\cos\theta,\ y=3\sin\theta$

(4) $x=2\cos\theta+2,\ y=\sqrt{3}\,\sin\theta+1$

(5) $x=\dfrac{4}{\cos\theta},\ y=5\tan\theta$

(6) $x=2\tan\theta+1,\ y=\dfrac{6}{\cos\theta}-2$

442 (1) 放物線 $y = -\dfrac{x^2}{4} - x$

    (2) 楕円 $(x+2)^2 + \dfrac{(y+1)^2}{9} = 1$

443 図は略

    (1) 円 $x^2 + y^2 = 5$

    (2) 楕円 $\dfrac{x^2}{2} + \dfrac{y^2}{8} = 1$

444 (1) $x = \cos\theta,\ y = 3\sin\theta$

    (2) 楕円 $x^2 + \dfrac{y^2}{9} = 1$

    ただし，点 $(-1,\ 0)$ を除く。

445 略

446 (1) $\left(\dfrac{m_1 + m_2}{m_1 - m_2},\ \dfrac{2m_1 m_2}{m_1 - m_2} \right)$

    (2) 双曲線 $x^2 - y^2 = 1$

    ただし，$(\pm 1,\ 0)$ を除く。

447 最大値は $2\sqrt{13} + 10$

    最小値は $-2\sqrt{13} + 10$

448 $Q(\cos\theta + \cos 2\theta,\ \sin\theta + \sin 2\theta)$

$\theta = 0,\ \dfrac{2}{3}\pi,\ \pi,\ \dfrac{4}{3}\pi,\ 2\pi$

証明は略

449 図は略

    (1) $A(2,\ 2\sqrt{3})$

    (2) $B(-\sqrt{3},\ -\sqrt{3})$

    (3) $C\left(-\dfrac{\sqrt{3}}{2},\ \dfrac{1}{2}\right)$

    (4) $D(-2,\ 0)$

    (5) $E\left(\dfrac{3}{2}\sqrt{2},\ -\dfrac{3}{2}\sqrt{2}\right)$

    (6) $F\left(-\dfrac{\sqrt{3}}{2},\ -\dfrac{3}{2}\right)$

450 (1) $\left(2,\ \dfrac{\pi}{4}\right)$

    (2) $\left(2\sqrt{3},\ \dfrac{2}{3}\pi\right)$

    (3) $\left(2,\ \dfrac{4}{3}\pi\right)$

    (4) $\left(4\sqrt{3},\ \dfrac{11}{6}\pi\right)$

    (5) $\left(2,\ \dfrac{3}{2}\pi\right)$

    (6) $(1,\ \pi)$

451 (1) $\theta = \dfrac{2}{3}\pi$

    (2) $r = 2$

452 (1) $r\cos\left(\theta - \dfrac{2}{3}\pi\right) = 2$

    (2) $r\cos\left(\theta + \dfrac{\pi}{6}\right) = 2\sqrt{3}$

453 (1) $r = 2\cos\left(\theta - \dfrac{\pi}{3}\right)$

    (2) $r = 6\sqrt{2}\cos\left(\theta - \dfrac{\pi}{4}\right)$

454 (1) 極座標が $(4,\ 0)$ である点 A を通り，OA に垂直な直線

    (2) 極座標が $\left(2,\ \dfrac{\pi}{4}\right)$ である点 A を通り，OA に垂直な直線

    (3) 極座標が $\left(1,\ -\dfrac{\pi}{3}\right)$ である点 A を通り，OA に垂直な直線

455 (1) 極座標が $(3,\ 0)$ である点を中心とする半径 3 の円

    (2) 極座標が $\left(1,\ \dfrac{\pi}{2}\right)$ である点を中心とする半径 1 の円

    (3) 極座標が $\left(2,\ -\dfrac{\pi}{6}\right)$ である点を中心とする半径 2 の円

456 図は略

    (1) $x^2 + y^2 = 4$

    (2) $y = 1$

    (3) $x^2 + \left(y - \dfrac{1}{2}\right)^2 = \dfrac{1}{4}$

    (4) $\left(x - \dfrac{1}{2}\right)^2 + \left(y + \dfrac{\sqrt{3}}{2}\right)^2 = 1$

    (5) $y = \sqrt{3}\,x - 4$

    (6) $y = \dfrac{1}{2}x^2$

    (7) $xy = 1$

    (8) $x^2 - y^2 = 1$

457 (1) $r\cos\theta = 3$

    (2) $\theta = \dfrac{\pi}{4}$

    (3) $r\cos\left(\theta - \dfrac{\pi}{4}\right) = \dfrac{1}{\sqrt{2}}$

    (4) $r = 4\cos\left(\theta - \dfrac{\pi}{3}\right)$

    (5) $r\sin^2\theta = -2\cos\theta$

(6) $r^2\cos 2\theta = 4$

458 (1) 中心の極座標は $(3,\ \pi)$
半径は $2\sqrt{2}$

(2) 中心の極座標は $\left(2,\ -\dfrac{\pi}{3}\right)$

半径は $\sqrt{3}$

459 $\theta = \dfrac{\pi}{12},\ \theta = \dfrac{5}{12}\pi$

460 $r\cos\left(\theta - \dfrac{\pi}{3}\right) = 2,\ h = 2,\ \alpha = \dfrac{\pi}{3}$

461 $r\cos\left(\theta - \dfrac{\pi}{6}\right) = \sqrt{3}$

$h = \sqrt{3},\ \alpha = \dfrac{\pi}{6}$

462 (1) $AB = 7,\ S = \dfrac{15}{4}\sqrt{3}$

(2) $AB = \sqrt{7},\ S = \dfrac{3}{2}\sqrt{3}$

463 (1) $\left(\sqrt{2},\ \dfrac{7}{4}\pi\right)$ (2) $\left(2\sqrt{3},\ \dfrac{\pi}{3}\right)$

464 (1) $r = \dfrac{2}{1 - \cos\theta}$ (2) $r = \dfrac{4}{1 - 2\cos\theta}$

(3) $r = \dfrac{2}{2 - \cos\theta}$

465 図は略
(1) $y^2 = 4(x+1)$
(2) $(x + \sqrt{2})^2 - y^2 = 1$
(3) $\dfrac{(x-1)^2}{2} + y^2 = 1$

466 (1) $r = 2\cos\theta$
(2) $(x-1)^2 + y^2 = 1$

467 (1) $r\cos\left(\theta \pm \dfrac{\pi}{3}\right) = 2$

(2) 直線 $x \pm \sqrt{3}\,y = 4$

468 (1) 略
(2) $r^2 = 2a^2\cos 2\theta$

469 $r^2 = \dfrac{a^2 b^2}{a^2\sin^2\theta + b^2\cos^2\theta}$, 証明は略

470 (1) $r = a\cos\theta$
(2) 略
(3) $\dfrac{4}{3}\sqrt{3}\,a$

●正規分布表●

t	.00	.01	.02	.03	.04	.05	.06	.07	.08	.09
0.0	0.0000	0.0040	0.0080	0.0120	0.0160	0.0199	0.0239	0.0279	0.0319	0.0359
0.1	0.0398	0.0438	0.0478	0.0517	0.0557	0.0596	0.0636	0.0675	0.0714	0.0753
0.2	0.0793	0.0832	0.0871	0.0910	0.0948	0.0987	0.1026	0.1064	0.1103	0.1141
0.3	0.1179	0.1217	0.1255	0.1293	0.1331	0.1368	0.1406	0.1443	0.1480	0.1517
0.4	0.1554	0.1591	0.1628	0.1664	0.1700	0.1736	0.1772	0.1808	0.1844	0.1879
0.5	0.1915	0.1950	0.1985	0.2019	0.2054	0.2088	0.2123	0.2157	0.2190	0.2224
0.6	0.2257	0.2291	0.2324	0.2357	0.2389	0.2422	0.2454	0.2486	0.2517	0.2549
0.7	0.2580	0.2611	0.2642	0.2673	0.2704	0.2734	0.2764	0.2794	0.2823	0.2852
0.8	0.2881	0.2910	0.2939	0.2967	0.2995	0.3023	0.3051	0.3078	0.3106	0.3133
0.9	0.3159	0.3186	0.3212	0.3238	0.3264	0.3289	0.3315	0.3340	0.3365	0.3389
1.0	0.3413	0.3438	0.3461	0.3485	0.3508	0.3531	0.3554	0.3577	0.3599	0.3621
1.1	0.3643	0.3665	0.3686	0.3708	0.3729	0.3749	0.3770	0.3790	0.3810	0.3830
1.2	0.3849	0.3869	0.3888	0.3907	0.3925	0.3944	0.3962	0.3980	0.3997	0.4015
1.3	0.4032	0.4049	0.4066	0.4082	0.4099	0.4115	0.4131	0.4147	0.4162	0.4177
1.4	0.4192	0.4207	0.4222	0.4236	0.4251	0.4265	0.4279	0.4292	0.4306	0.4319
1.5	0.4332	0.4345	0.4357	0.4370	0.4382	0.4394	0.4406	0.4418	0.4429	0.4441
1.6	0.4452	0.4463	0.4474	0.4484	0.4495	0.4505	0.4515	0.4525	0.4535	0.4545
1.7	0.4554	0.4564	0.4573	0.4582	0.4591	0.4599	0.4608	0.4616	0.4625	0.4633
1.8	0.4641	0.4649	0.4656	0.4664	0.4671	0.4678	0.4686	0.4693	0.4699	0.4706
1.9	0.4713	0.4719	0.4726	0.4732	0.4738	0.4744	0.4750	0.4756	0.4761	0.4767
2.0	0.4772	0.4778	0.4783	0.4788	0.4793	0.4798	0.4803	0.4808	0.4812	0.4817
2.1	0.4821	0.4826	0.4830	0.4834	0.4838	0.4842	0.4846	0.4850	0.4854	0.4857
2.2	0.4861	0.4864	0.4868	0.4871	0.4875	0.4878	0.4881	0.4884	0.4887	0.4890
2.3	0.4893	0.4896	0.4898	0.4901	0.4904	0.4906	0.4909	0.4911	0.4913	0.4916
2.4	0.4918	0.4920	0.4922	0.4925	0.4927	0.4929	0.4931	0.4932	0.4934	0.4936
2.5	0.4938	0.4940	0.4941	0.4943	0.4945	0.4946	0.4948	0.4949	0.4951	0.4952
2.6	0.4953	0.4955	0.4956	0.4957	0.4959	0.4960	0.4961	0.4962	0.4963	0.4964
2.7	0.4965	0.4966	0.4967	0.4968	0.4969	0.4970	0.4971	0.4972	0.4973	0.4974
2.8	0.4974	0.4975	0.4976	0.4977	0.4977	0.4978	0.4979	0.4979	0.4980	0.4981
2.9	0.4981	0.4982	0.4982	0.4983	0.4984	0.4984	0.4985	0.4985	0.4986	0.4986
3.0	0.4987	0.4987	0.4987	0.4988	0.4988	0.4989	0.4989	0.4989	0.4990	0.4990
3.1	0.4990	0.4991	0.4991	0.4991	0.4992	0.4992	0.4992	0.4992	0.4993	0.4993
3.2	0.4993	0.4993	0.4994	0.4994	0.4994	0.4994	0.4994	0.4995	0.4995	0.4995
3.3	0.4995	0.4995	0.4995	0.4996	0.4996	0.4996	0.4996	0.4996	0.4996	0.4997
3.4	0.4997	0.4997	0.4997	0.4997	0.4997	0.4997	0.4997	0.4997	0.4997	0.4998
3.5	0.4998	0.4998	0.4998	0.4998	0.4998	0.4998	0.4998	0.4998	0.4998	0.4998

演習編デジタル版（詳解付）へのアクセスについて

＊右の QR コードからアクセス
することができますので，
ご利用ください。

数学B 　　数学C

QRコードは㈱デンソーウェーブの登録商標です。

例題から学ぶ数学B＋C 演習編

表紙・本文デザイン
エッジ・デザインオフィス

- 監修者——福島　國光
- 発行者——小田　良次
- 印刷所——共同印刷株式会社

- 発行所——実教出版株式会社

〒102-8377
東京都千代田区五番町5
電 話 〈営業〉(03) 3238-7777
〈編修〉(03) 3238-7785
〈総務〉(03) 3238-7700
https://www.jikkyo.co.jp/

002402024　　　　　　　　　ISBN 978-4-407-35969-5